【図解】

いちばんやさしい

最新宇宙

三澤信也

宇宙のさまざまな姿を見る

上：可視光線で見たかに星雲
右：X線で見たかに星雲
どのような手段で見るかによって、同じ星雲でも見える姿はまったく違ってくる

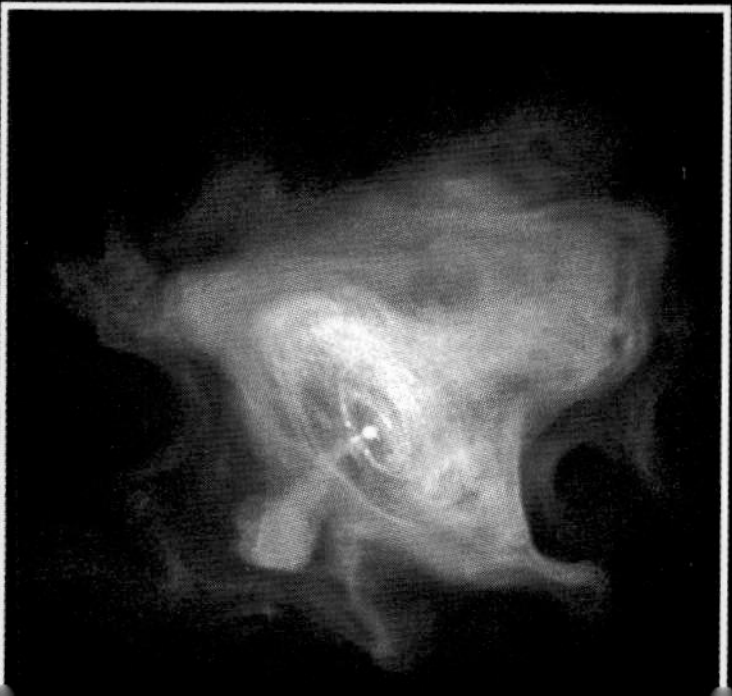

2つの恒星がくっついてできた珍しい「二連星」。
将来はひとつの恒星になるか超新星爆発が起こると
考えられる。

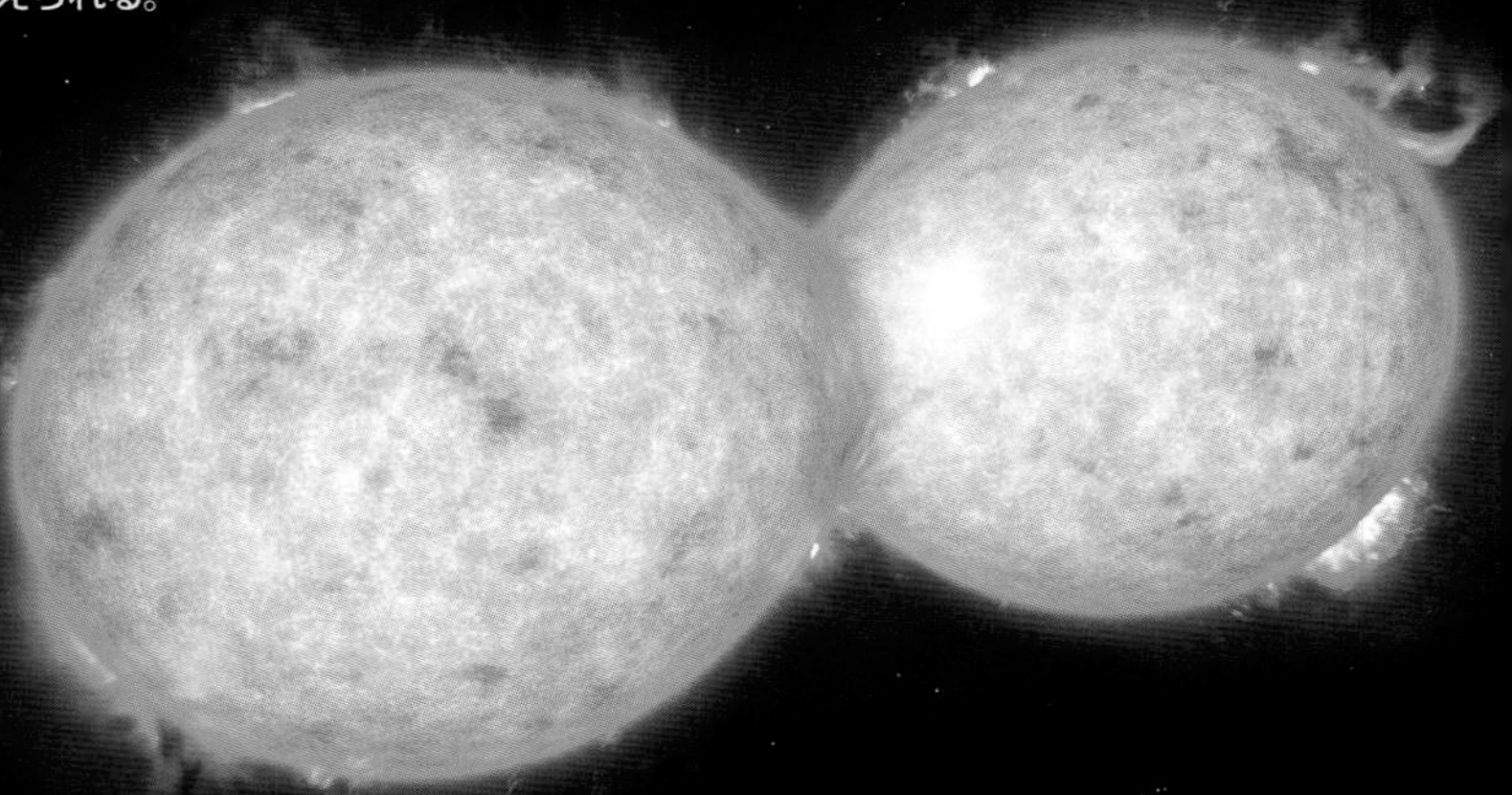

恒星の一生

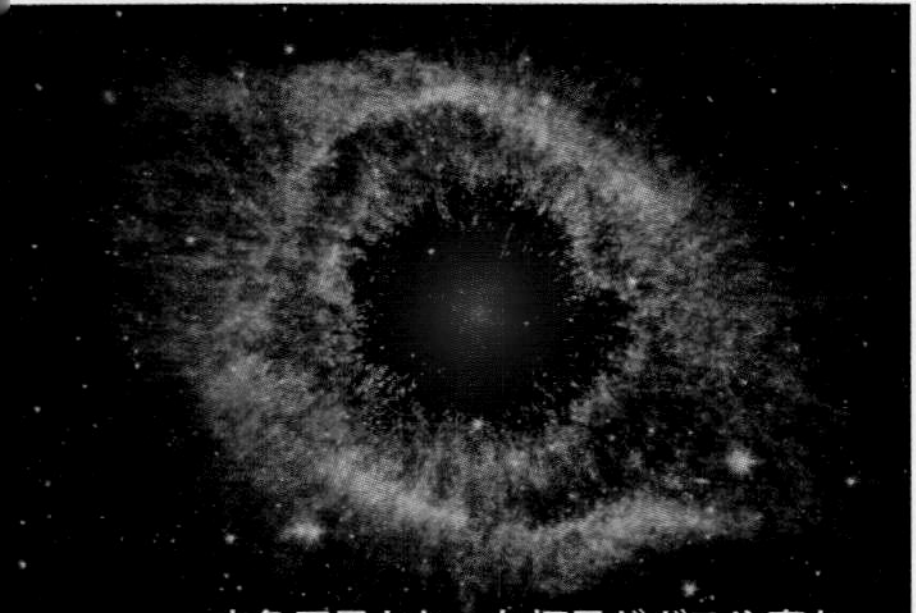

赤色巨星となった恒星がガスや塵を
放出する様子

若い恒星である太陽が活発に活動する様子

恒星……人きな恒星は最後に……

ガスが相手のチ……の周囲を回る……

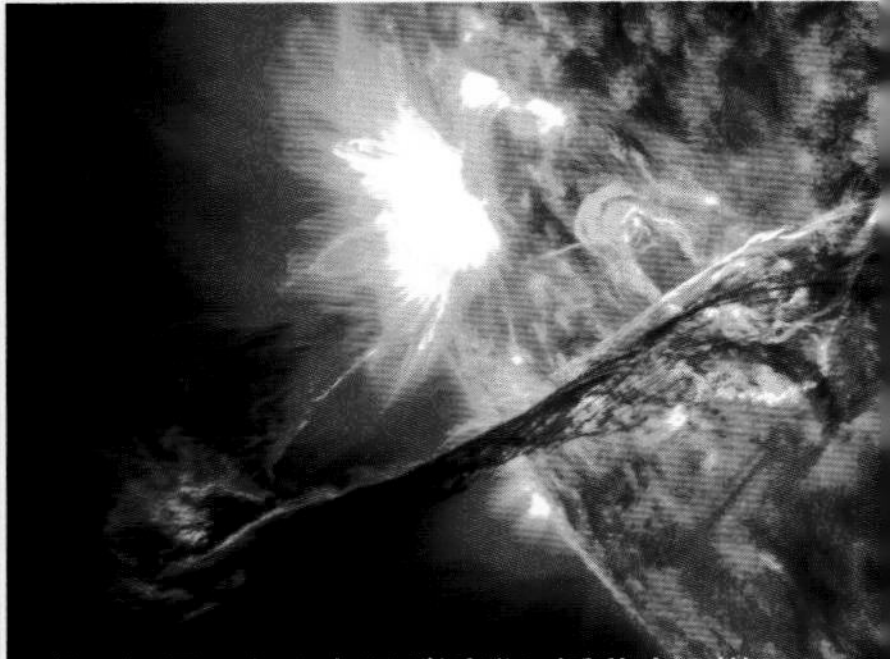

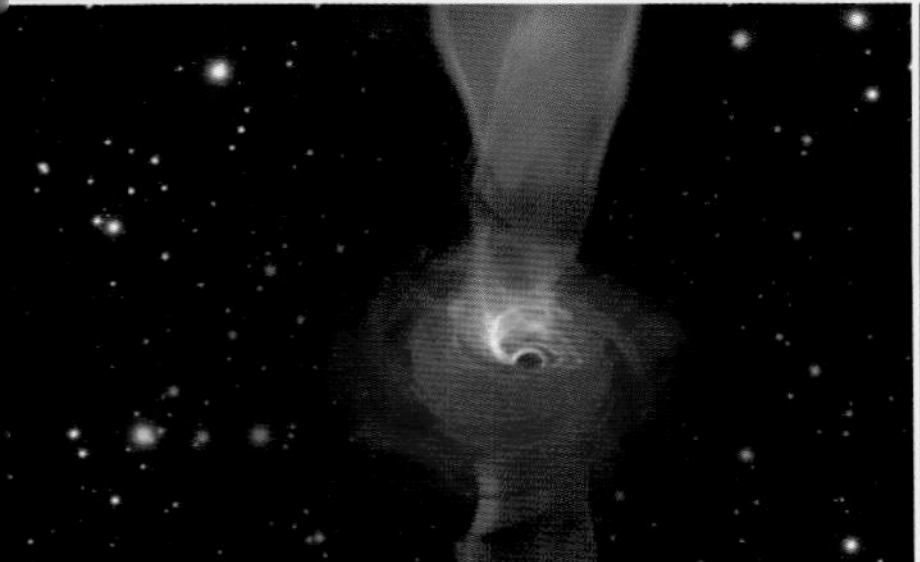

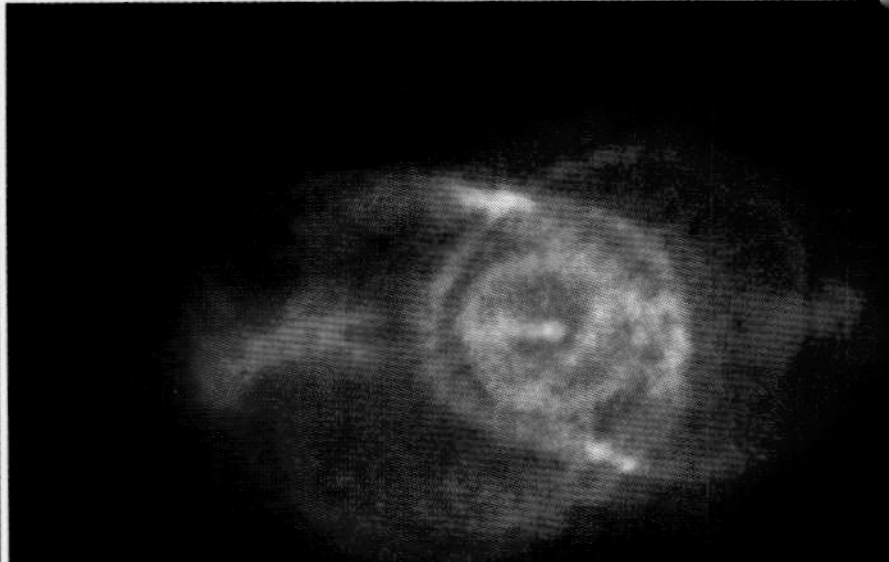

「ディープ」な宇宙

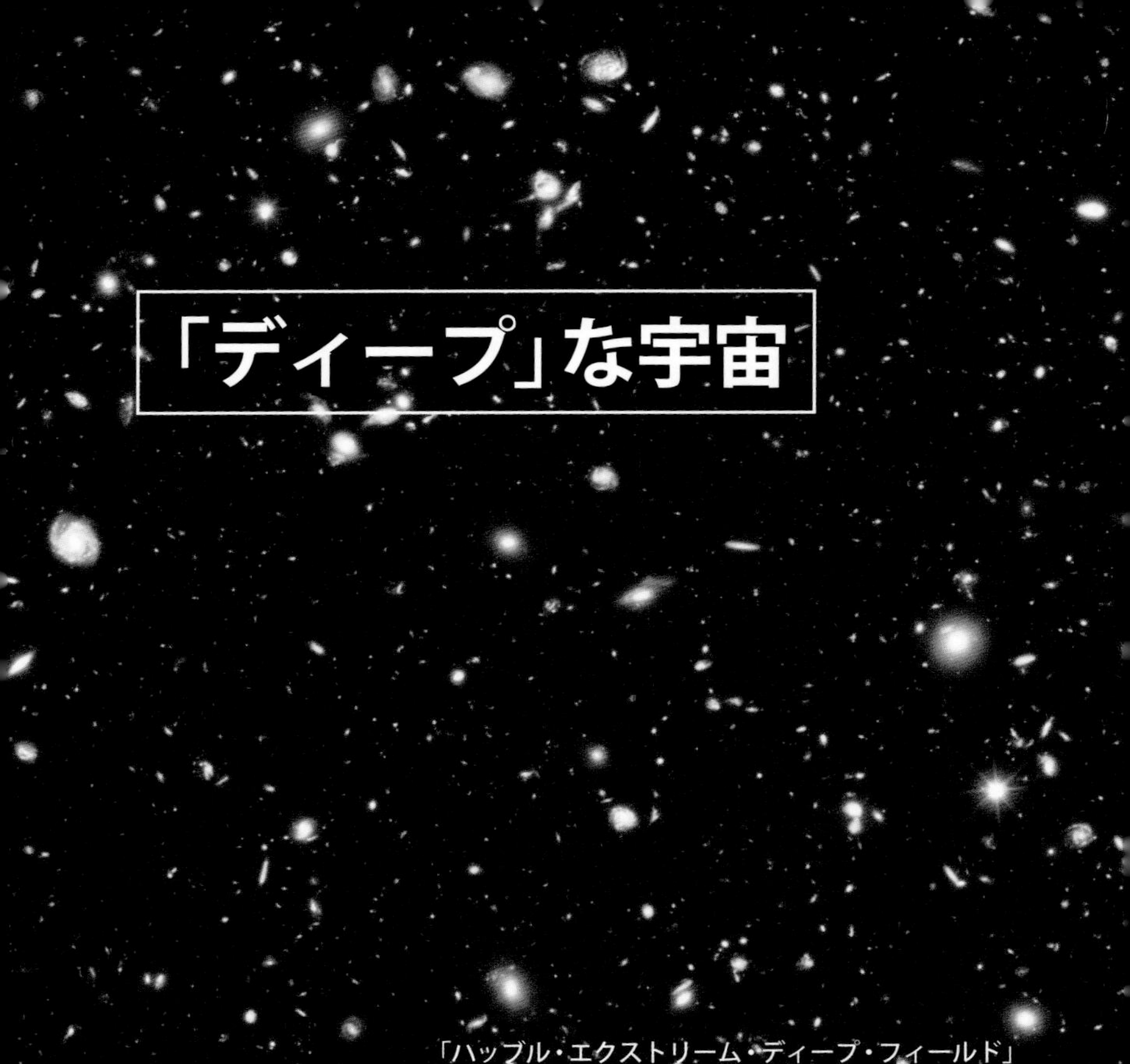

「ハッブル・エクストリーム・ディープ・フィールド」と呼ばれる、超遠方にある無数の天体を撮影したもの。137 億年前のビッグバンから 4 億 5000 万年後に生まれた初期の銀河もこの中に見ることができる。

二重構造になった「棒渦巻銀河」

M27星雲を赤外線でとらえたもの

人類の進歩とフロンティア

地上約600メートルの位置から
数々の宇宙の姿を撮影し続ける
ハッブル望遠鏡

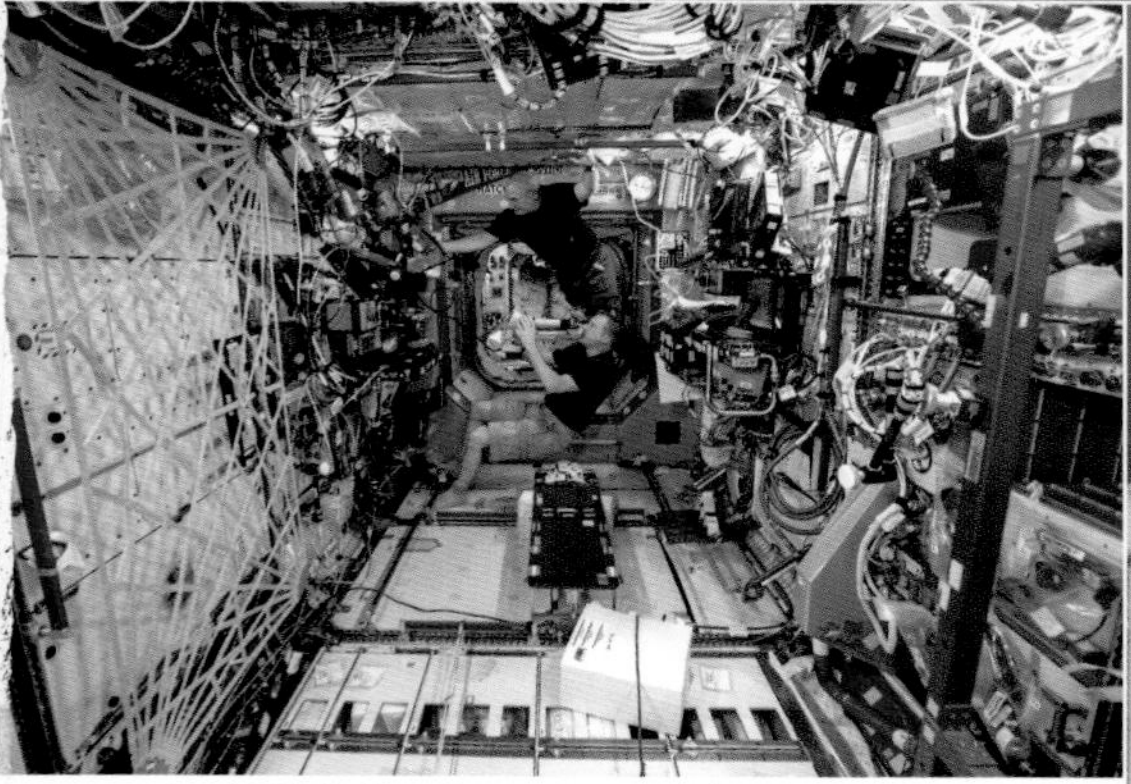

上：国際宇宙ステーションの内部
右：ファルコンヘビー発射の様子
スペースXは国際宇宙ステーションへの物資の輸送に
使われることも期待されている。

現在世界最高水準の観測装置を持つアルマ望遠鏡。
2019年のブラックホール撮影の際にも力を発揮した。

図解

いちばんやさしい最新宇宙

三澤信也

彩図社

はじめに

「宇宙」と聞いただけでワクワクする、という方は大勢いらっしゃるのではないでしょうか。

私は、ＪＡＸＡ（宇宙航空研究開発機構）が主催する子供向けの合宿に補助員として参加したことがあります。主催者の方から、この合宿の応募倍率はものすごく高いのだとお聞きしました。

そして、参加した子供たちは目を輝かせながらロケット・人工衛星・天体望遠鏡などについて学んでいました。子供たちの宇宙への興味の強さを感じた時間です。

私自身も、子供の頃に「宇宙の果てはどうなっているのだろう？　果てがあるのなら、その先には何があるのだろうか？」という疑問を持ち続けていました。その好奇心は、私が理科系へ進学する一つのきっかけになりましたし、現在理科を教える仕事をしていることにもつながっているように思います。

さて、謎に満ちた宇宙ですが、これまでの人類の努力によって明らかになったことはたくさんあります。そして、現在も宇宙探査は続いていて、新たな発見が続いています。

そこで、現在までにどのような調査が行われ、どんなことが明らかになってきたのか、宇宙探査の最新事情を整理して紹介します。

宇宙に興味はあるけど現状どうなっているのかよく知らない、という方も多いと思います。この一冊を読んでいただければ、人類が宇宙の謎にどこまで迫っているのか、理解していただけると思います。

三澤　信也

1章 宇宙探査最前線

2章 私たちの太陽系の話

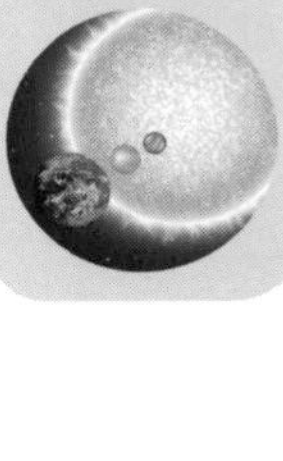

3章 太陽系外の世界と宇宙をつくるもの

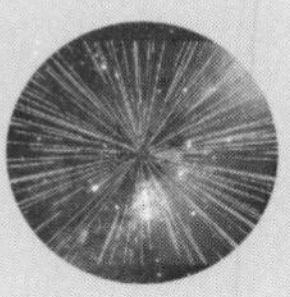

4章 私たちは宇宙へ行けるか

5章 地球外生命体はいるか

1章

宇宙探査最前線

ついにブラックホールを観測できた！

なぜ「人類初」なのか？

2019年4月10日、**人類が初めてブラックホールの姿を撮影できた**ことが発表されました。

地球から5500万光年も離れた、M87という銀河の中心にある巨大なブラックホールです。

「イベント・ホライズン・テレスコープ」という国際プロジェクトによって、その姿がとらえられました。世界中の合計8台の電波望遠鏡を使った、同時観測です。

ところで、宇宙にブラックホールが存在することは50年ほど前から知られています。それなのに、「今回初めて観測された」というのはいったいどういうことでしょう？

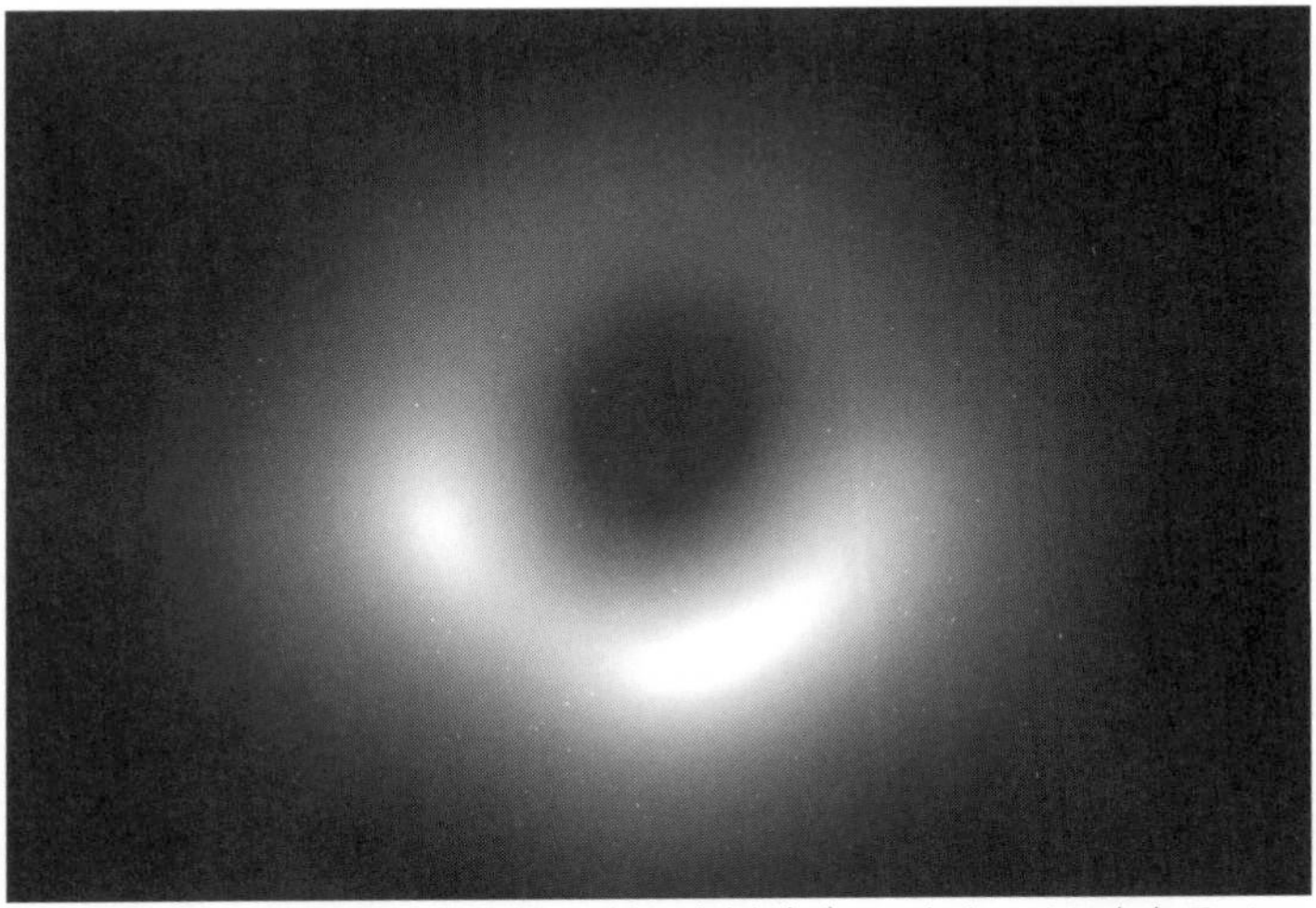
「M87」ブラックホールの画像。光の輪の内側がブラックホールにあたる。（EHT Collaboration）

ブラックホール自体が出す光は観測できない

われわれ人類は、いままでにいくつものブラックホールを見つけてきました。

人類が初めてブラックホールを見つけたのは、1971年のことです。NASA（アメリカ航空宇宙局）のX線天文衛星が、「はくちょう座X－1」という**ブラックホールからやってくるX線**をとらえたのです。

ブラックホールの重力はものすごく強力です。そのため、周囲にある恒星からガスをはぎ取ってしまうのです。

はぎ取られたガスは、ブラックホールに吸い込まれながらそのまわりを回転します。ブ

近くの恒星のガスを
吸い込んで
高速回転する
はくちょう座X-1
恒星

はくちょう座X-1の想像図。ブラックホール周辺にあるX線を観測することで、ブラックホールの間接的なデータが得られる。（画像:NASA/CXC/M.Weiss）

ラックホールに近づくほどガスは速く回転するようになり、最終的には光の速さの数十パーセントにも達するそうです。

これほど加速されるため、ぐるぐる回るガスの内側と外側とで速さに差が生まれます。そして、速さの異なるガスどうしの摩擦によって熱が発生するのです。

冬の寒いときに手を擦るとあたたかくなるのと原理は同じですが、ガス円盤の場合は摩擦熱によって１００万℃をはるかに超える温度に達するそうです！

高温になった物体は、熱せられた鉄が真っ赤な光を放つように、光を放ちます。ただし、超高温になったガス円盤の場合は、私たちの目に見える光よりもずっとエネルギーの高い**X線**という光を発します。これが、X線天文

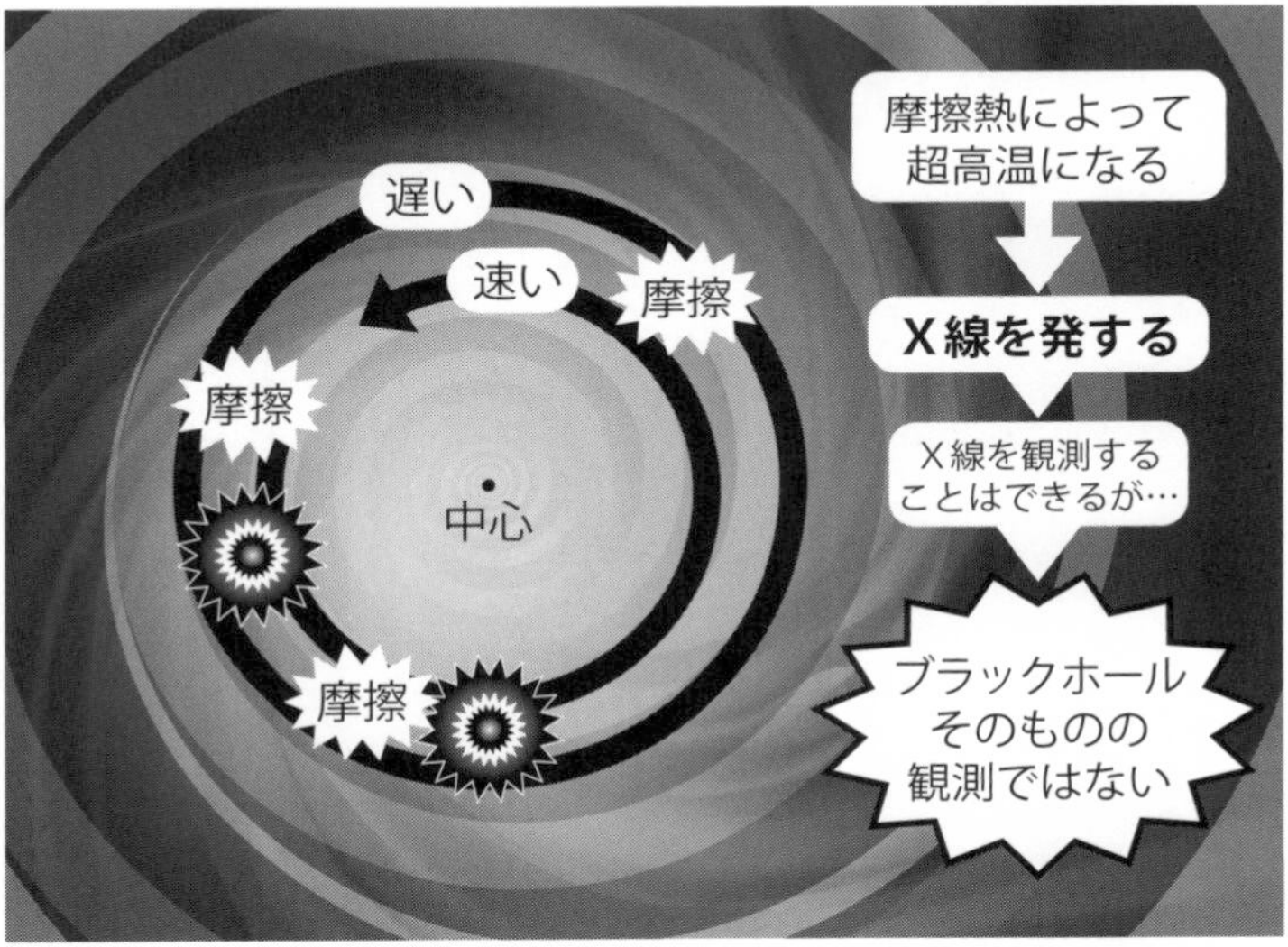
摩擦熱によって
超高温になる
X線を発する
X線を観測する
ことはできるが…
ブラックホール
そのものの
観測ではない
遅い
速い
摩擦
摩擦
摩擦
中心

衛星がとらえた光なのです。

このように、**いままで観測されていたのはブラックホールの周囲にあるものから発せられた光**です。

ブラックホールからは、光さえも脱出できません。ですから、**そもそもブラックホールからやってくる光を観測できるはずはない**のです。

しかし、2019年のニュースは、一切光を発することのないブラックホールを**直接観測**できたというものでした。ということは、従来の方法ではなく、新しい方法で観測したということです。

いったい、どのような方法によるのでしょう？　次の項目で、順を追って説明していきます。

どんな方法でブラックホールを観測した？

重力波の観測によって存在を確認できた

ブラックホールを直接観測する方法の説明の前に、**「重力波」の検出**について述べておきます。

ここに、平らなゴムシートがあるとします。ゴムシートに何かを乗せると、シートは凹みます。

このとき、乗せたものが静止していればシートは凹《へこ》んだ状態を保ちます。

しかし、乗せたものが動いたらシートの凹み方に変化が生まれます。

シートの凹みの変化は、ものを乗せた場所だけにとどまりません。まわりへ伝わっていくのです。

これはちょうど、池に何かが落ちたとき、

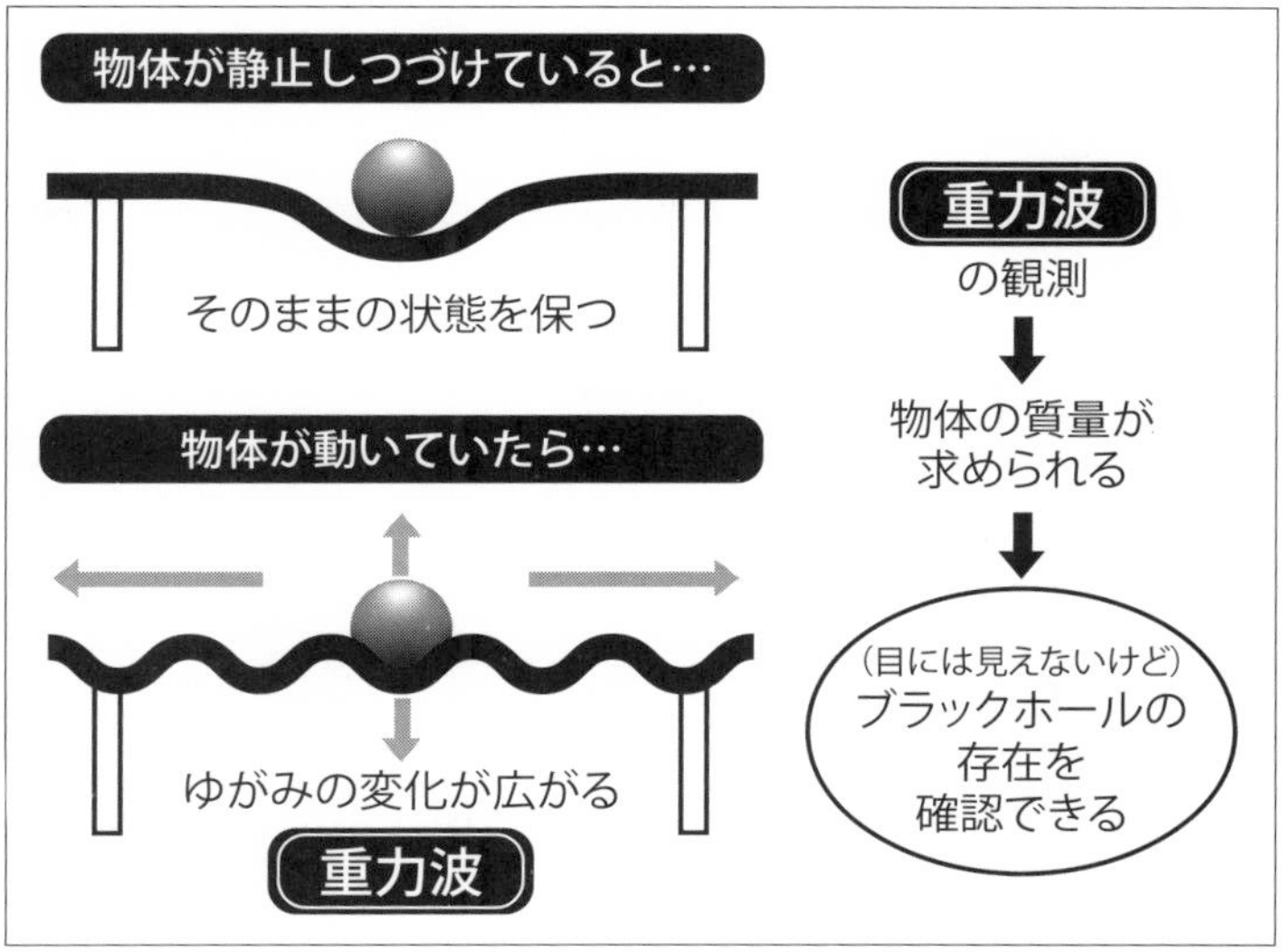
物体が静止しつづけていると…
そのままの状態を保つ
物体が動いていたら…
ゆがみの変化が広がる
重力波
重力波
の観測
物体の質量が
求められる
（目には見えないけど）
ブラックホールの
存在を
確認できる

水面に生じる波紋が周囲へ伝わっていくのに似ています。質量を持った物体が動くと、目に見えない**空間のゆがみ**が生まれます。そして、この変化が伝わっていく現象が「重力波」なのです。

さて、重力波の観測では、その波形から**重力波を発した物体の質量**を精密に求められます。その結果、**ブラックホールの存在をほぼ確実に確認できました**。

そういう意味では重力波による観測もブラックホールの「直接的な」観測と言えますが、重力波自体がわれわれの目で見えるものではありません。

国際観測プロジェクトは、ブラックホールを**われわれの目で見える「黒い穴」として、はっきりととらえた**のです。

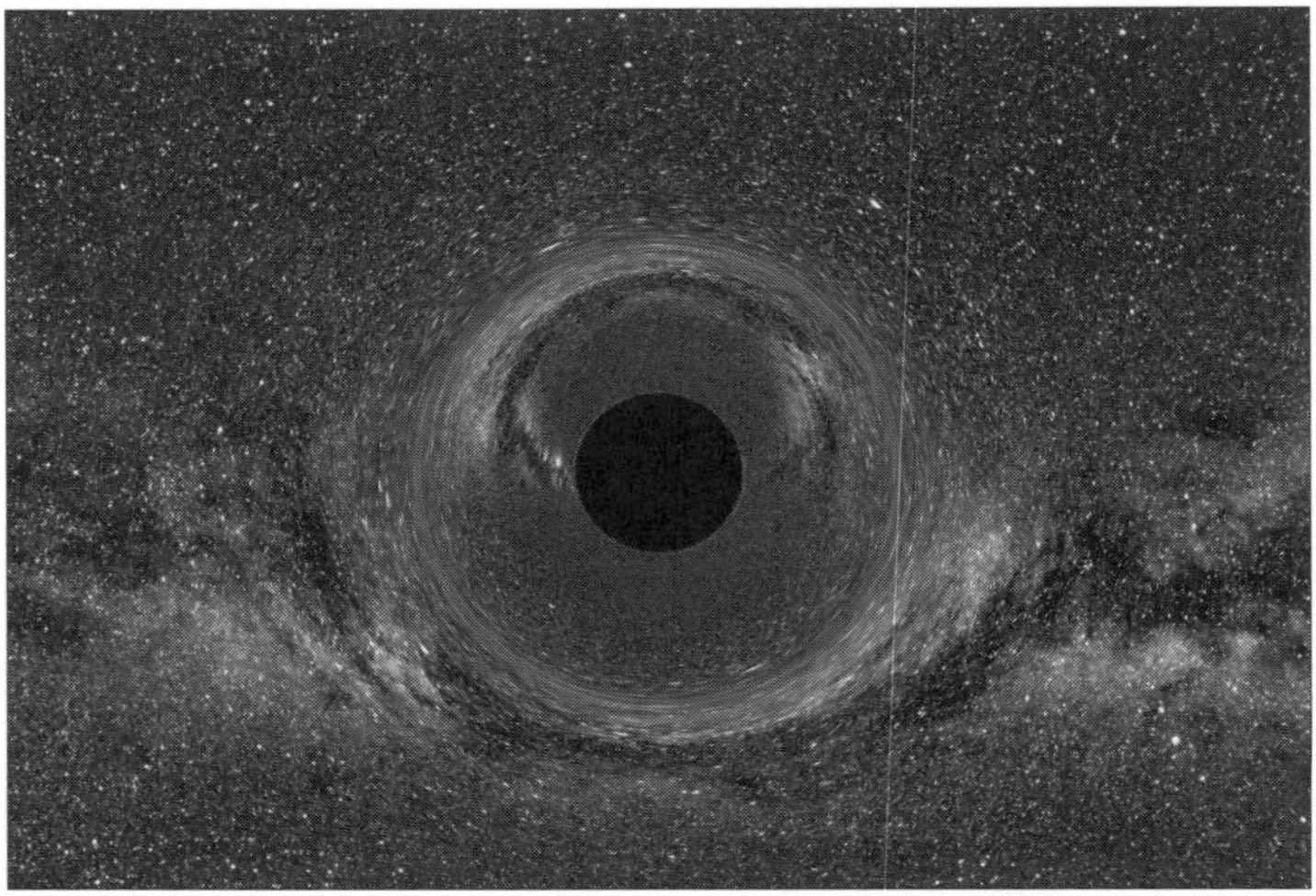

ブラックホールのイメージ。黒い穴の部分にあると考えられる。（©Gallery of Space Time Travel and licensed for reuse under Creative Commons Licence）

地球から見るブラックホールは小さい

前項で見たように、ブラックホールは光を発しません。ですから、直接観測するのは困難です。

しかし、まわりに光があれば、ブラックホールは逆に**真っ暗なものとして観測できます**。それはちょうど、明るい宇宙に存在する**「黒い穴」**です。

それでも、いままでに黒い穴を直接観測することはできませんでした。

その最大の理由は、**ブラックホールの見かけの大きさがあまりにも小さい**ことにあります。

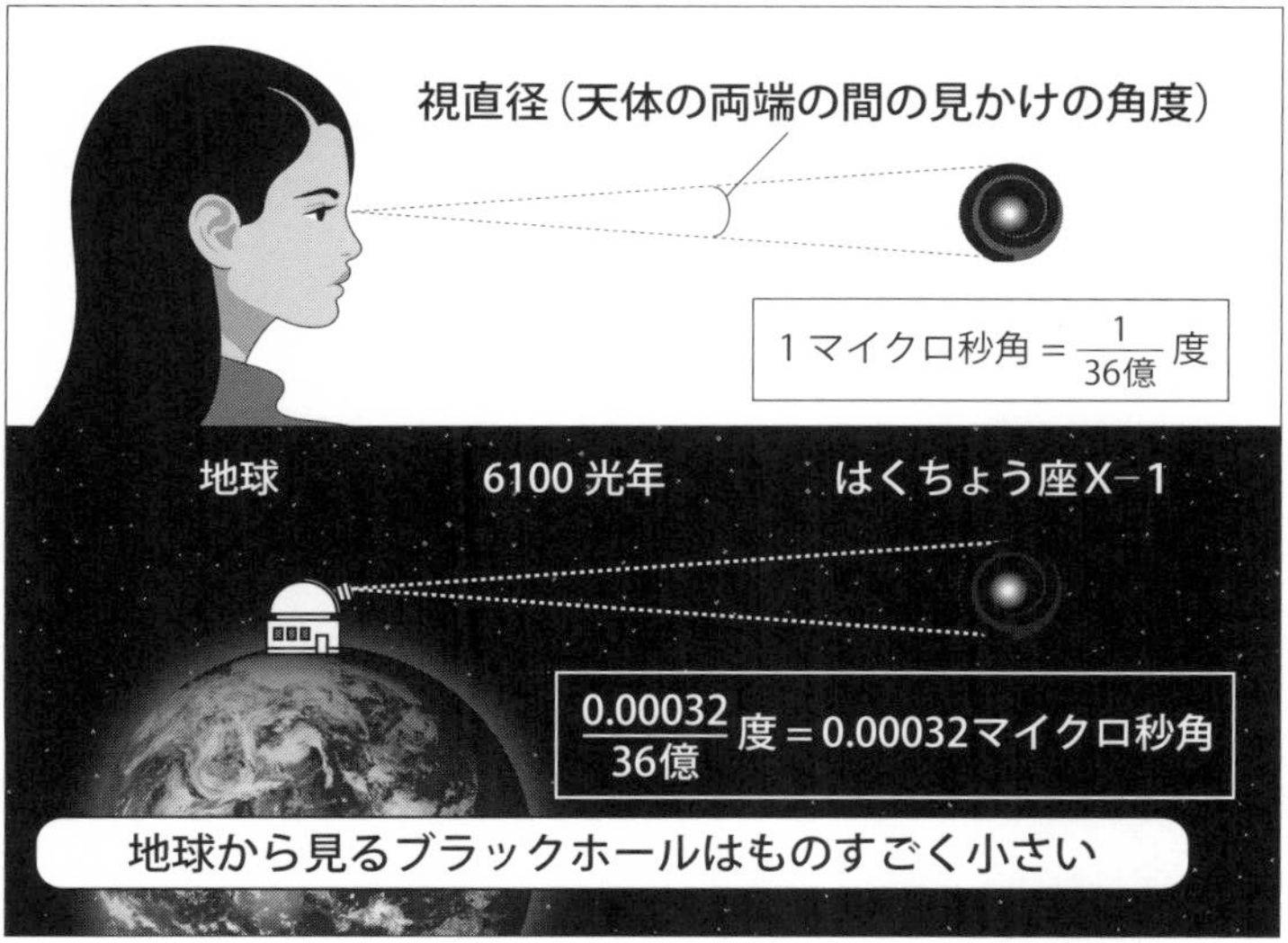

たとえば、前項で登場した「はくちょう座X−1」は、実際は直径90キロメートルほどのブラックホールです。

ただ、地球からは6100光年も離れています。そのため、地球から見たときは、ものすごく小さくしか見えません。

天体の見かけの大きさは、天体を見込んだときの角度であらわします。数字にすると、「はくちょう座X−1」の視直径は、0・00032マイクロ秒角となります。

1マイクロ秒角は、1度の36億分の1の角度です。ですので、0・00032マイクロ秒角は1度の36億分の0・00032の角度ということになります。

地球から見るブラックホールが、いかに小さいかが分かると思います。

どんな高性能の望遠鏡でも難しい

現在見つかっている他の同程度のサイズのブラックホールも、見かけの大きさは似たようなものです。

ブラックホールの中には超巨大なものもあります。その中でも地球からもっとも大きく見えるのは、天の川銀河の中心にある「いて座Aスター」というブラックホールです。

質量が太陽の約４００万倍という大きさであるため、サイズも直径約２０００万キロメートルと巨大です。

それでも、地球からおよそ2万６０００光年も離れているため、見かけの大きさは20マイクロ秒角（1度の36億分の20の角度）ほどになってしまいます。

このように、いずれのブラックホールも地球からはきわめて小さくしか見えません。そのため、現在の優れた天体望遠鏡をもってしても、**ブラックホールを直接とらえることは困難**なのです。

たとえば、ハワイにあるすばる望遠鏡は、見かけの大きさが2万マイクロ秒角より小さなものは見分けられません。これでは、20マイクロ秒角のものを観測することはとても不可能です。

このように、ブラックホールの見かけの大きさはあまりに小さく、天体望遠鏡によって見分けられる能力では見つけることができないのです。

望遠鏡の配置図（2018年以降）。複数の望遠鏡が連携することで、ひとつの巨大な望遠鏡ほどの性能を持たせる。（NRAO/AUI/NSF）

8つの望遠鏡を合わせて地球規模の望遠鏡にする

しかし、地球上のいくつもの望遠鏡を組み合わせることで、超巨大な分解能を持つ望遠鏡を生み出すことができます。

互いに離れた場所にあるいくつもの望遠鏡が、天体から届く光を同時に観測します。そして、それぞれの望遠鏡で観測された光を重ね合わせて数学的な処理をします。

すると、あたかも望遠鏡どうしの距離が口径となった超巨大望遠鏡のような性能を発揮するのです。

今回の国際観測プロジェクトでは、南アメリカのチリにあるアルマ望遠鏡をはじめとして、ハワイ、ヨーロッパ、北アメリカ、南極にある合計8ヶ所の望遠鏡が連携しました。

その結果、口径が**約1万キロメートル**にもなる超巨大な望遠鏡としての性能を発揮したのです。

地球の直径は約1万3000キロメートルですから、これは地球が丸ごと望遠鏡になったようなものです。その性能は、月面上にゴルフボール程度の大きさのものがあるのを見つけられるほどだそうです。

観測のとき、8ヶ所の望遠鏡では原子時計を使って時間合わせをしました。

原子時計は、1000万年に1秒の誤差しか生じないほど正確な時計です。これを使って、同時に飛んできた電波を正確に照合したのです。

8ヶ所の望遠鏡では、2017年の4月5日から4月14日まで、毎晩およそ8時間の観測を行いました。

観測によって得られた膨大なデータは、スーパーコンピューターを用いながら数ヶ月間にわたって処理されました。

そうして得られたのが、今回のブラックホールの画像なのです。

ブラックホールに巻きつく光を観測する

最後に、撮影されたブラックホールを取り巻いている**「光のリング」**について説明します。

ブラックホールの重力はきわめて強く、周

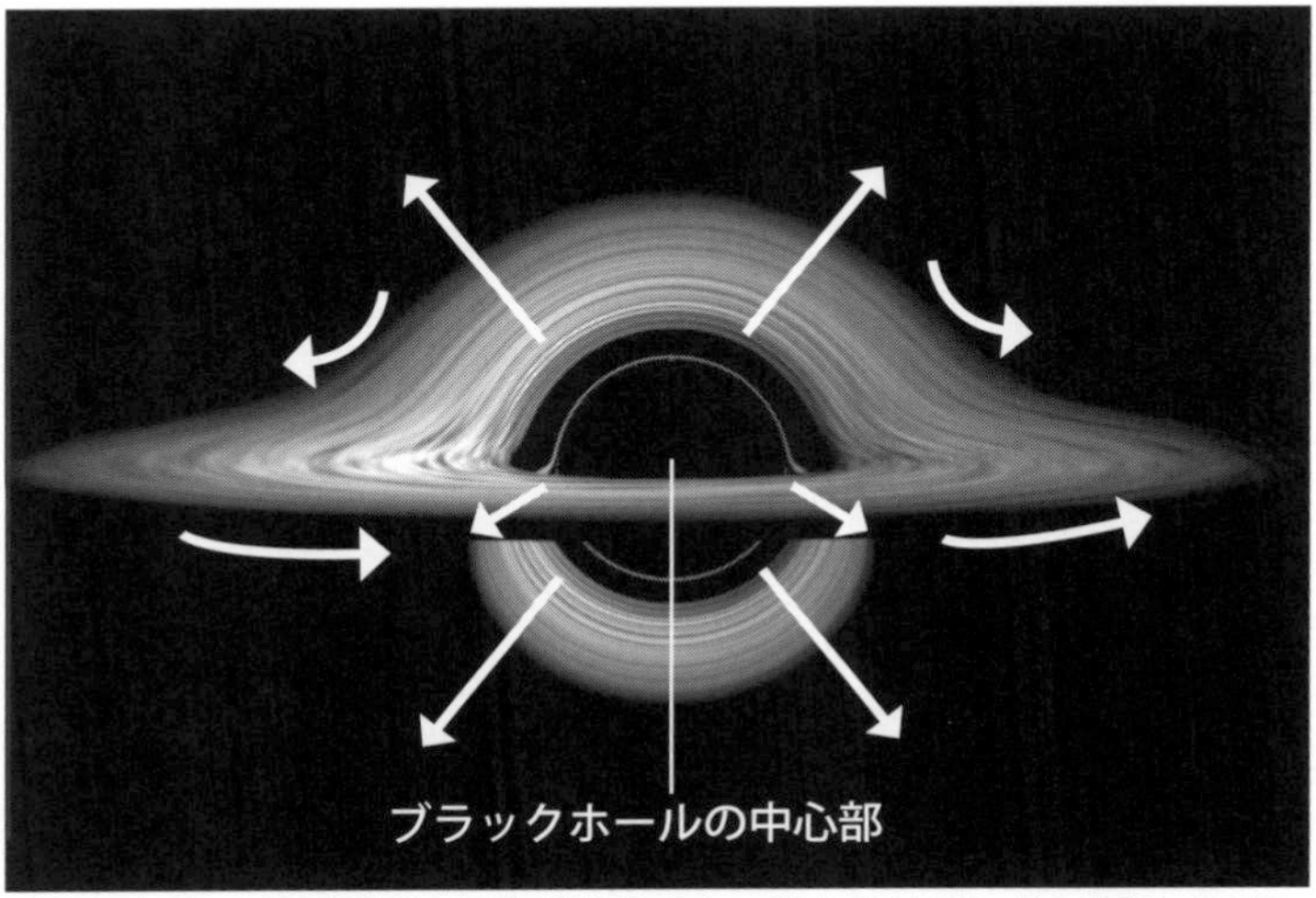

ブラックホールの周辺には光が巻きつき、動き続けている。（画像：NASA's Goddard Space Flight Center/Jeremy Schnittman）

囲を進んでいる光を曲げてしまいます。光が大きく曲げられると、ブラックホールの周囲に巻きつくようになります。

ブラックホールのまわりに見える「光のリング」は、このようにして作られるものだと考えられています。

ただ、光がブラックホールのまわりを回り続けていたら、地球へは届きません。そして、光が届かなければ見えることはないのです。

しかし、ブラックホールに巻きつく光の軌道は不安定で、近くのガスのゆらぎなどがきっかけとなり、軌道を外れて飛び出すことがあるのです。

今回、そのような光を観測することで「光のリング」を鮮明にとらえることができたのです。

日本の小惑星探査機「はやぶさ」の活躍

目的地は3億キロ離れた小惑星

2003年、日本で開発された**小惑星探査機「はやぶさ」**が打ち上げられました。

目的地は、地球からおよそ3億キロメートルも離れた**小惑星「イトカワ」**です。

はるか彼方の小惑星から微粒子を持ち帰る**「サンプルリターン」**を使命とし、成功しました。地球へサンプルを持ち帰ったのは、2010年のことです。

イトカワへ到着する前には、通信が途絶えるというトラブルに見舞われました。それでも、数ヶ月かけて通信を回復させました。

さらに、地球への帰還時にはイオンエンジン（28ページ参照）4台のうちの1台が異常停止してしまいました。それでも残りの3台をう

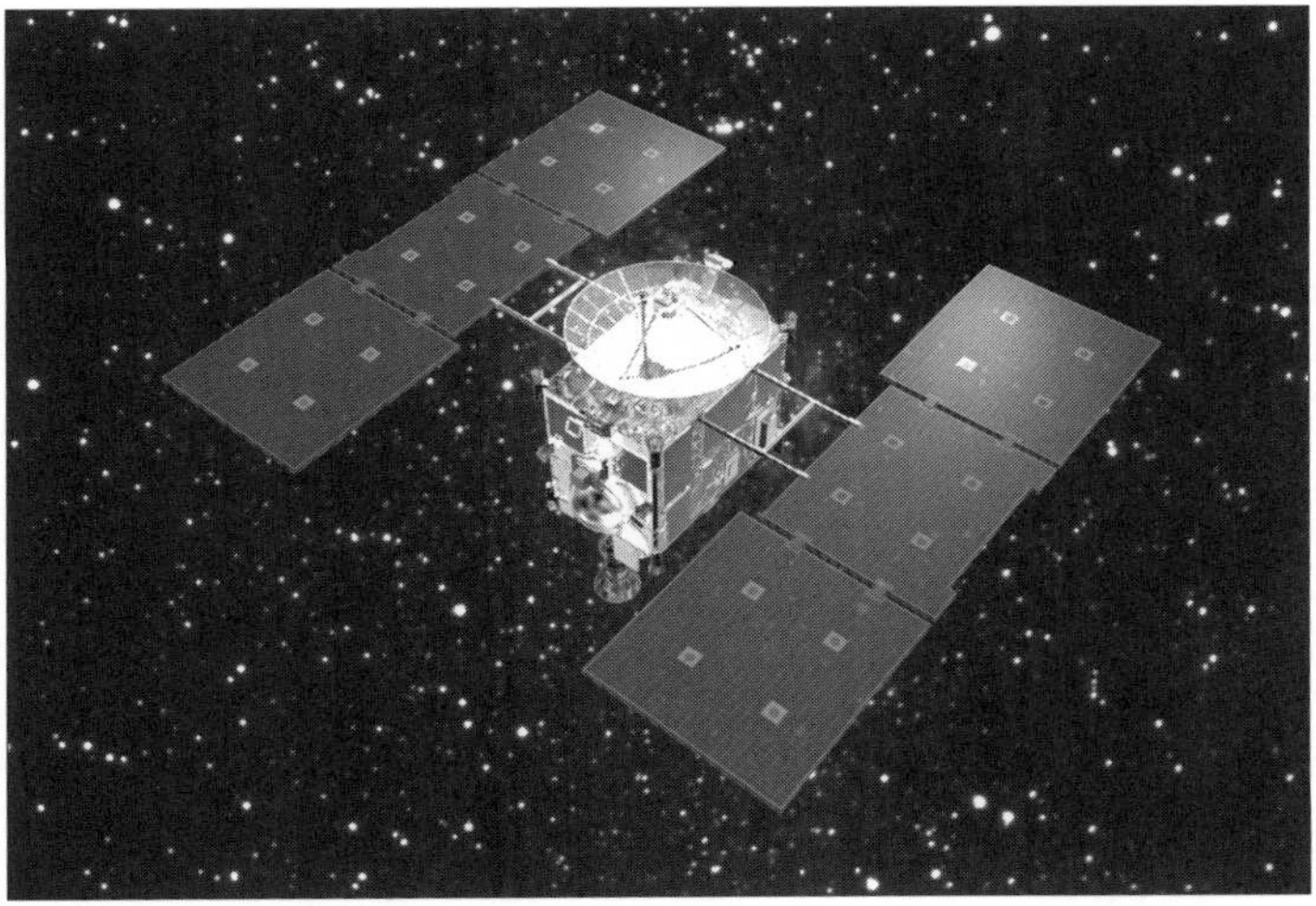

小惑星探査機「はやぶさ」（画像提供：JAXA）

まく組み合わせて、地球への帰還を無事に果たしたのです。

このような感動的な出来事は大きな話題になり、映画化もされました。

ここでは、そもそも小惑星探査にどのような意味があるのか、そしてそれを成し遂げるためにどのような工夫がされているのか、といったことを紹介します。さらに次の項目で、はやぶさの後継機として現在も飛行を続ける「はやぶさ2」についても紹介します。

小惑星の微粒子から分かること

太陽系の中の、特に火星と木星の間の軌道

（通り道）には非常に多くの小天体がありますが（62ページ参照）。見つかっているだけでも数十万個もあります。これらは小惑星と呼ばれています。

46億年前に誕生した太陽系の天体は、長い年月の中で変化を起こしてきました。

たとえば地球の場合、内部で熱が発生し続けています。熱による変化が続き、現在の地球は誕生当時とは違った姿をしています。しかし、小惑星の場合は内部で熱が発生しません。そのため、**誕生した頃の姿をとどめている可能性が高い**のです。

小惑星の微粒子を採取して調べることで、**太陽系誕生の過程について新たなことが分かるのではないか**、という期待から小惑星イトカワの探査が行われたのです。

約20億キロメートルの旅の末に２００５年にイトカワへ到着したはやぶさは、イトカワから**サンプル採取**を行いました。

大きな天体であれば、探査機が着陸してサンプルを採取することができます。しかし、イトカワは最長部でも長さ５４０メートルほどです。そのため重力がきわめて小さく、探査機を固定することができません。

そこで、はやぶさは次のような方法でのサンプル採取を計画しました。

はやぶさ自身の判断で行われた破片採取

まずは、イトカワに向かってターゲットマー

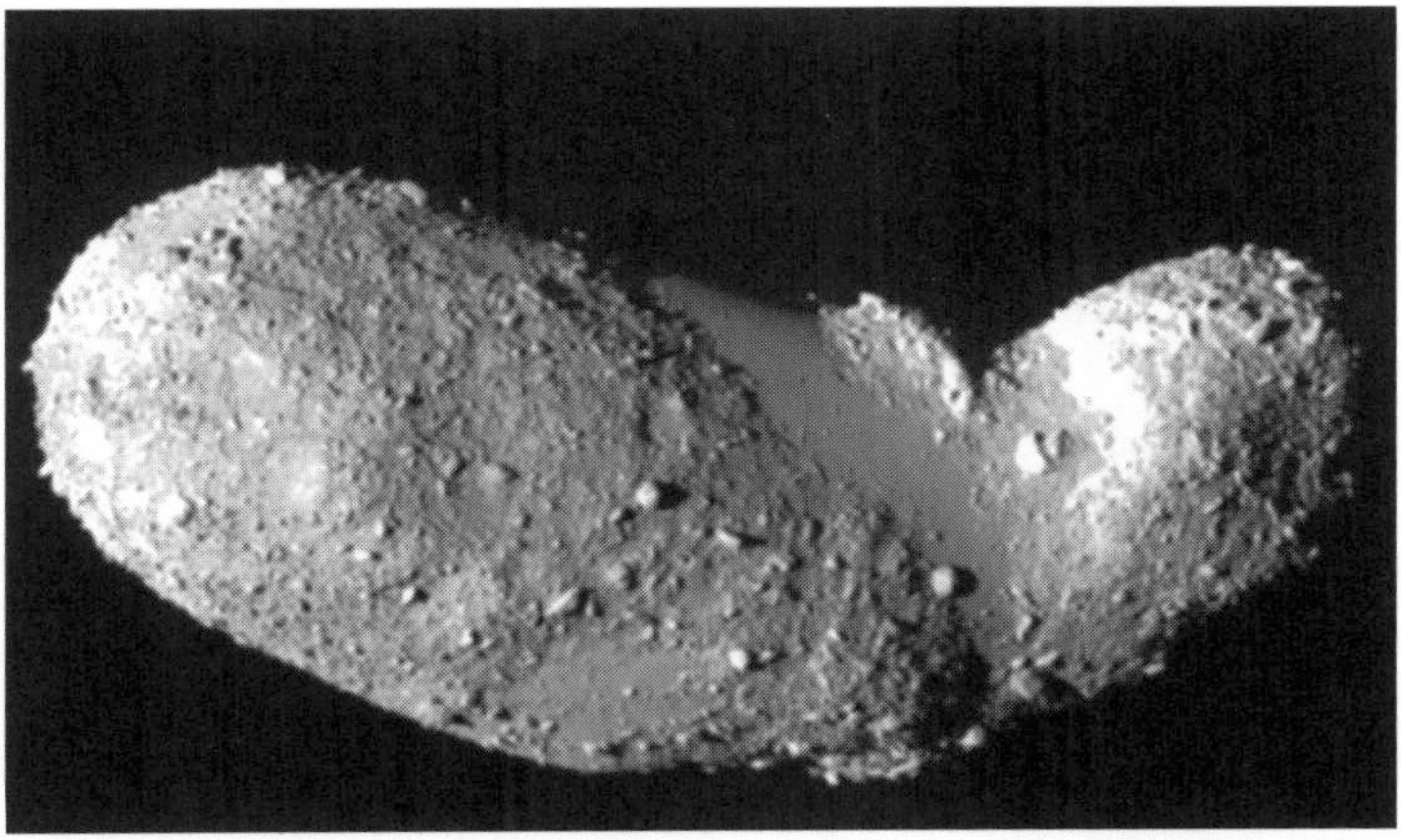

地球から約３億キロメートルの距離にある小惑星イトカワ。（画像提供：JAXA）

カーを落とします。

ターゲットマーカーは、直径10センチメートルほどの球で、まわりに反射シートを貼り付けてあります。

はやぶさはレーザー光を発しながら、ターゲットマーカーを目印としてイトカワ表面との距離を測りながら接近していきます。

はやぶさがイトカワに接近すると、長さ１メートルのサンプラーホーンという部分を伸ばします。その先端がイトカワに触れると、弾丸が発射されます。その**衝撃で飛び散った破片を、カプセル内に納める**という方法です。

はやぶさは、地球からの指令に従ってではなく、**みずから判断しながら**このようなことを行いました。

それは、**イトカワが地球から約３億キロ**

メートルも離れているからです。

地球とはやぶさの間の通信は、電波を使って行われます。

電波は光と同じように秒速30万キロメートルで進みます。この世で最速ですが、それでも3億キロメートルを往復するには30分以上の時間がかかってしまいます。

こんなに時間がかかったのでは、はやぶさの動きを細かく制御することができません。そのため、はやぶさは**自律して運航した**のです。

実際には、はやぶさが着陸したときに弾丸はうまく発射されなかったようです。それでも、イトカワの表面の微粒子がカプセル内まで移動したため、採取することに成功しました。

地球に届いたサンプルから分かったこと

サンプルを収納したカプセルは、地球に帰還して大気圏へと突入しました。

このとき、秒速12キロメートルほどの超高速で突入したため、カプセルは1万℃を超える高温にさらされたそうです。

はやぶさのカプセルは、炭素繊維強化プラスチックを材質として、これほどの高温にも耐えられるように作られていました。

カプセルは、イトカワから採取したサンプルを守ったまま、オーストラリアの砂漠へ落下しました。

カプセルの中には、最大でも0・1ミリメー

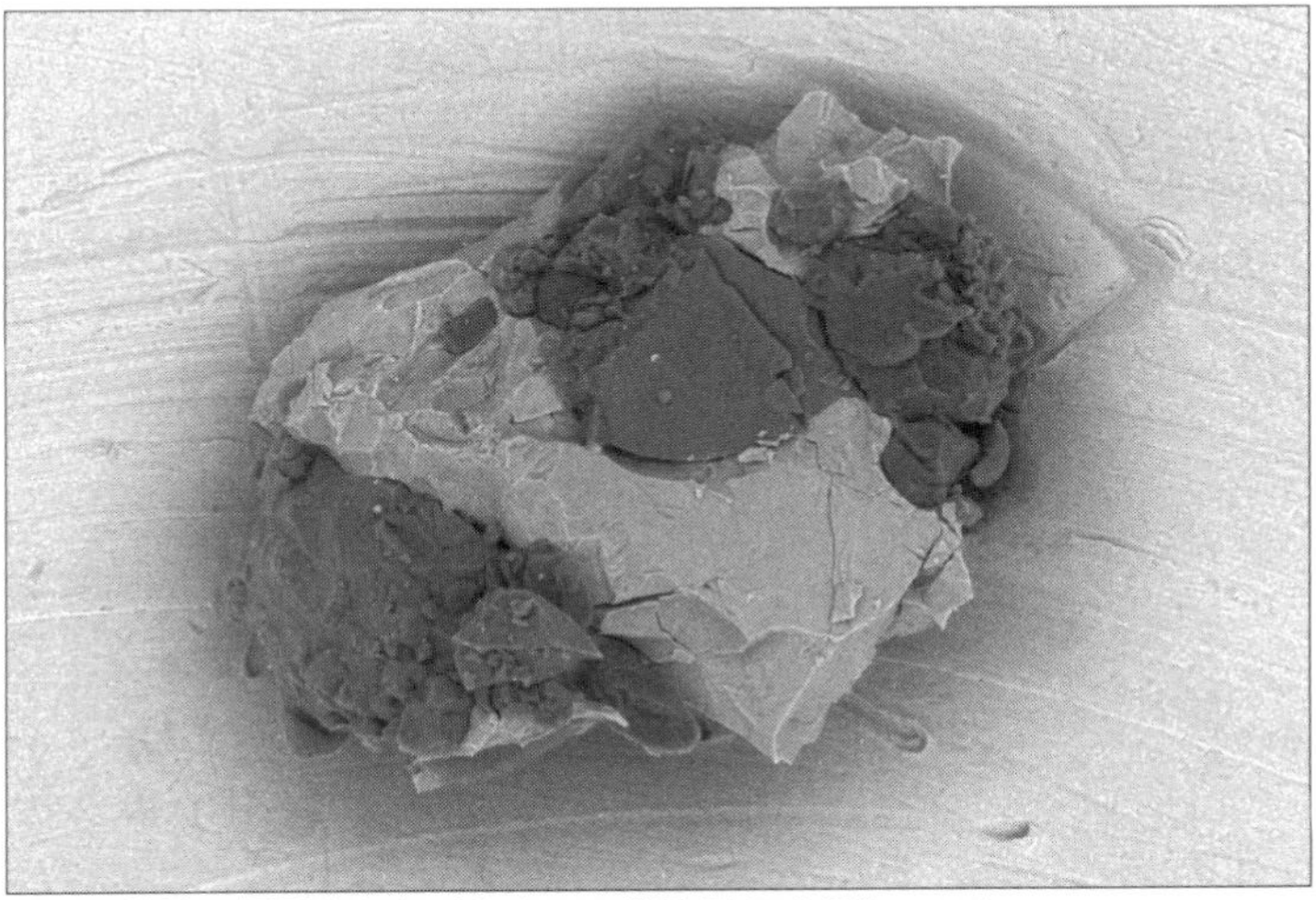

電子顕微鏡で撮影されたイトカワの微粒子（画像提供：JAXA）

トルほどの大きさしかない**イトカワの微粒子**がたくさん入っていました。

きわめて小さなサンプルですが、小惑星イトカワについての新たな知見をもたらすものでした。

まず、**イトカワの成分は地球へ落下する隕《いん》石《せき》と似ている**ことが分かりました。このことから、地球へ衝突する隕石は小惑星からやってくることが裏付けられます。

また、イトカワの表面は風化しています。宇宙空間を飛び交う放射線や太陽光の影響を受けて、変質しているのです。

今回、イトカワ表面からサンプルを採取できたため、風化の度合いを知ることができました。

そして、その状態からイトカワはあと10億年ほどでなくなってしまうと推測されているのです。

50億キロを航行したイオンエンジン

小惑星イトカワへたどり着き、サンプルを持って地球まで戻ってきたはやぶさは、トータルでおよそ50億キロメートルもの距離を航行しました。かかった時間は、じつに**7年間**です。

これほどの旅を、燃料を補給することなく可能にしたのが、非常に燃費のよい**イオンエンジン**です。

はやぶさのイオンエンジンでは、キセノンというガスをイオン化します。電気を持った粒子がイオンですので、イオン化したキセノンは電気の力を受けるようになります。

電気力によってキセノンイオンを加速し、高速で噴射して推進力を得るのがイオンエンジンです。

イオンエンジンには、ロケットのエンジンほどの推進力はありません。ですので、はやぶさの打ち上げにはロケットを使いました。ただ、その後はイオンエンジンによって航行を続けたのです。

はやぶさに搭載されたイオンエンジンは、地上での1万8000時間（約2年）の耐久試験に2度も成功したそうです。

それほど燃費に優れたイオンエンジンを、はやぶさは4台搭載しました。計算上では3

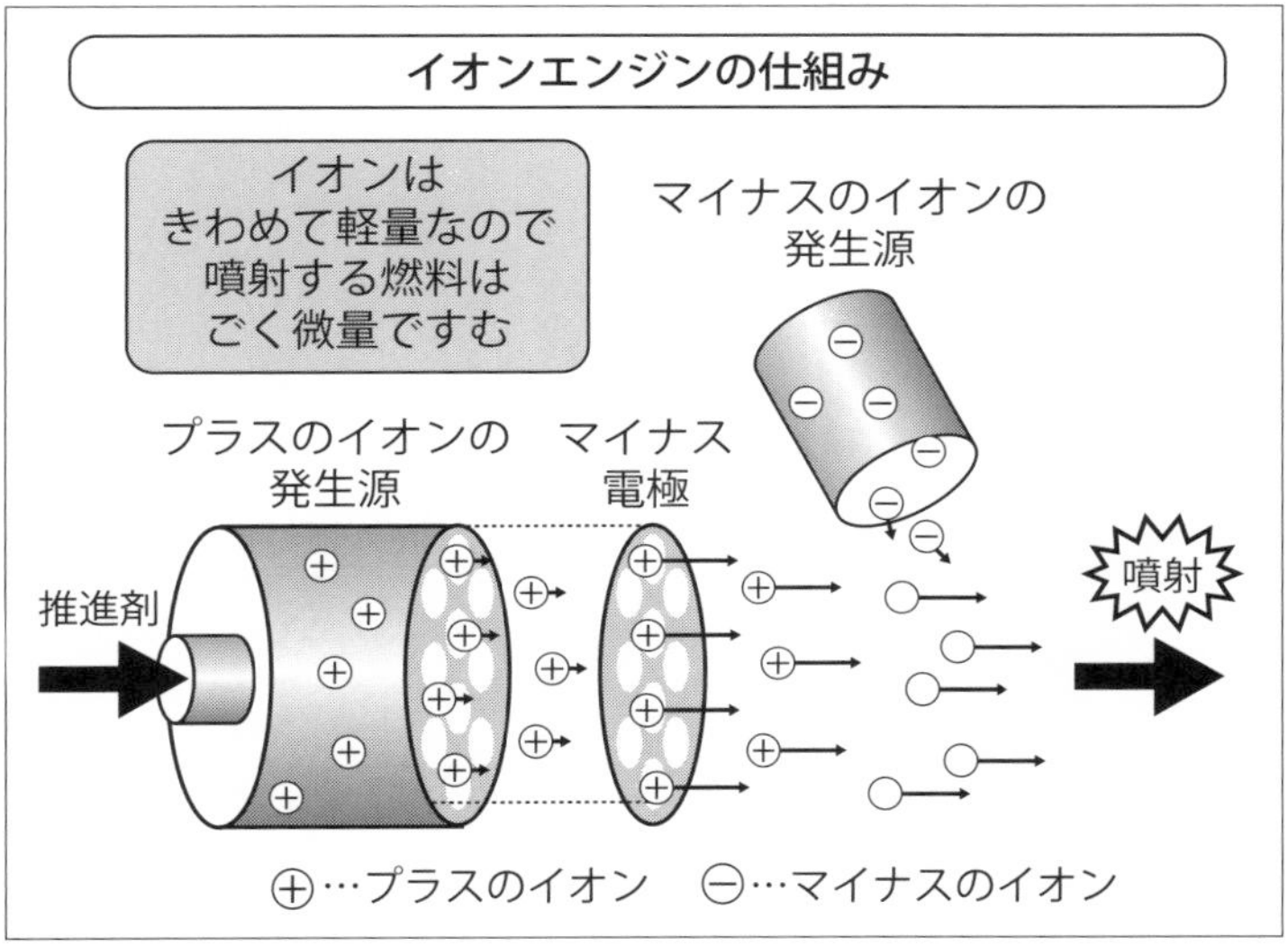

台で足りるのですが、バックアップとしてもう1台搭載したそうです。

地球への帰還を目前にしていた2009年、イオンエンジンが異常停止してしまう事態が起こりました。そのままでは、せっかくイトカワからサンプルを採取したのに、地球へたどり着けなくなってしまいます。

ここで、はやぶさ運用チームが力を発揮しました。イオンエンジンが停止したのは、4台のうちの2台の一部が故障したためです。ただし、故障箇所は異なっていました。

そこで、2台の故障していない部分どうしを連携させて、1台分としての能力を発揮させたのです。

はやぶさは、幾多の危機を乗り越えながら遠く離れた小惑星の破片を持ち帰ったのです。

「はやぶさ2」で進行中のミッション

生命の起源がわかる？

はやぶさに続いて、新たな小惑星からのサンプルリターンを目指しているのが**「はやぶさ2」**です。

はやぶさ2が目指すのは、**「リュウグウ」**という小惑星です。直径９００メートル程度の小惑星ですが、イトカワとは違って岩石に水や有機物が含まれていると考えられています。そのため、リュウグウからサンプルを持ち帰ることができれば、**生命の起源の謎に一歩迫れるのではないか**と期待されています。

はやぶさ2は、２０１４年に打ち上げられました。そして、２０１８年にリュウグウへたどり着きました。

はやぶさ2による観測から、直径３００メー

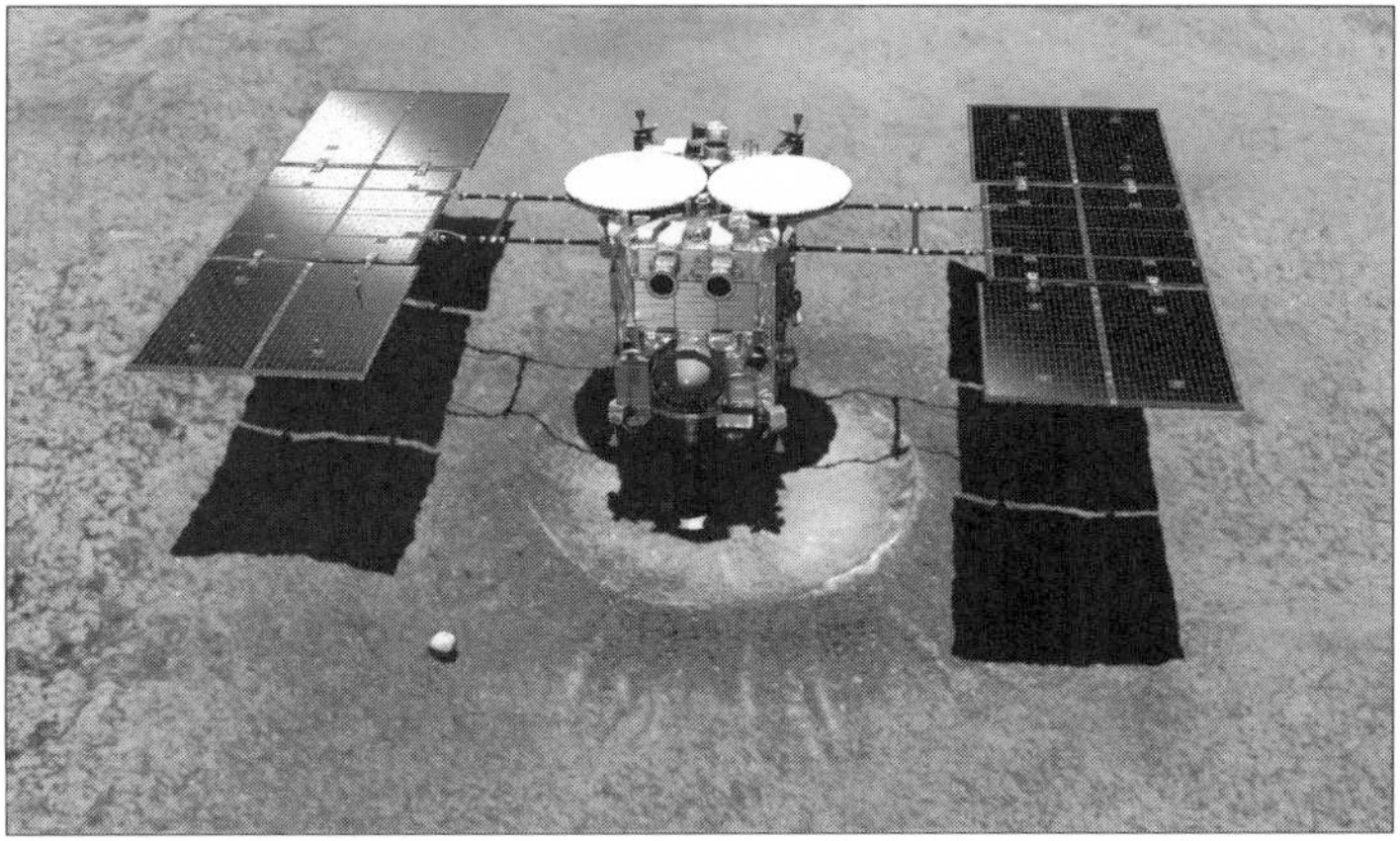

衝突装置により生成した人工クレーターに着陸を行う「はやぶさ２」のイメージ図（画像提供：JAXA）

トルほどの大きなクレーターのようなものがあることなど、リュウグウの様子が見えてきました。

そして、２０１９年２月にリュウグウへ着陸し、サンプル採取に成功しました。

ここまではほはやぶさと同じような成果でしたが、はやぶさ2がすごかったのはその後です。

地球への帰還は２０２０年末の予定

同年４月、はやぶさ2はリュウグウへ向かって金属の塊を打ち込み、人工クレーターを作りました。

はやぶさ２がリュウグウにつくった人工クレーター。愛称は「おむすびころりんクレーター」。（画像提供：JAXA, 東京大, 高知大, 立教大, 名古屋大, 千葉工大, 明治大, 会津大）

これは、地下深くにある物質を表面まで舞い上がらせるためです。そして、7月に2回目の着陸をして再びサンプル採取を行ったのです。

はやぶさ2は、**2度にわたるサンプル採取を見事に成功させました**。これにより、リュウグウの表面と地下の物質を比較することができます。

小惑星の表面は、宇宙放射線や太陽光の影響で風化していることを説明しました。表面と地下の物質を比べて違いがあれば、どのように風化が進んできたのかを知る手がかりになります。

また、もしもあまり違いがなければ、小惑星表面では物質がよく混ぜられていることが分かるのです。

はやぶさ２の再突入カプセル。小惑星のサンプルを搭載し地球に再突入した後、回収される。（画像提供：JAXA）

はやぶさ2の帰還は２０２０年末

２回目のサンプル採取には、高いリスクがありました。もしも失敗してその後の運行に支障をきたすようなことがあれば、１回目に得たサンプルを地球へ持ち帰れなくなってしまうかもしれません。そのようなリスクを冒《おか》してでも、リュウグウの地下の物質採取を決行したのです。

はやぶさ2は、２０１９年11月にリュウグウを離れて地球への帰還の途につきました。地球への到着は、２０２０年末の予定です。

無事にサンプルが届き、分析されることで何が分かるのか、楽しみですね。

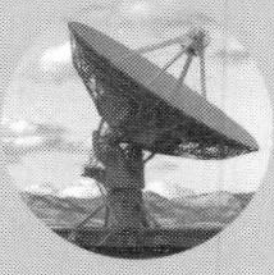

目に見えないX線を使って宇宙の姿に迫る

人間の目に見えない光はたくさんある

かつて私たちは、天体望遠鏡を使って観測することで、宇宙について多くのことを解明してきました。

ただし、普通の望遠鏡で見えるのはあくまでも〝人間の目で見える〟光（可視光）です。

広い宇宙からは、〝人間の目には見えない〟光もたくさんやってきます。マイクロ波・赤外線・紫外線・X線・ガンマ線などです。

これらの光を観測すると、可視光だけでは分からなかった宇宙の姿が見えてきます。

現在の宇宙観測では、可視光だけでなくこれらの**〝人間の目には見えない〟光を観測する望遠鏡**が活躍しています。果たして、どのようなことが明らかになってきたのでしょう

電磁波の種類

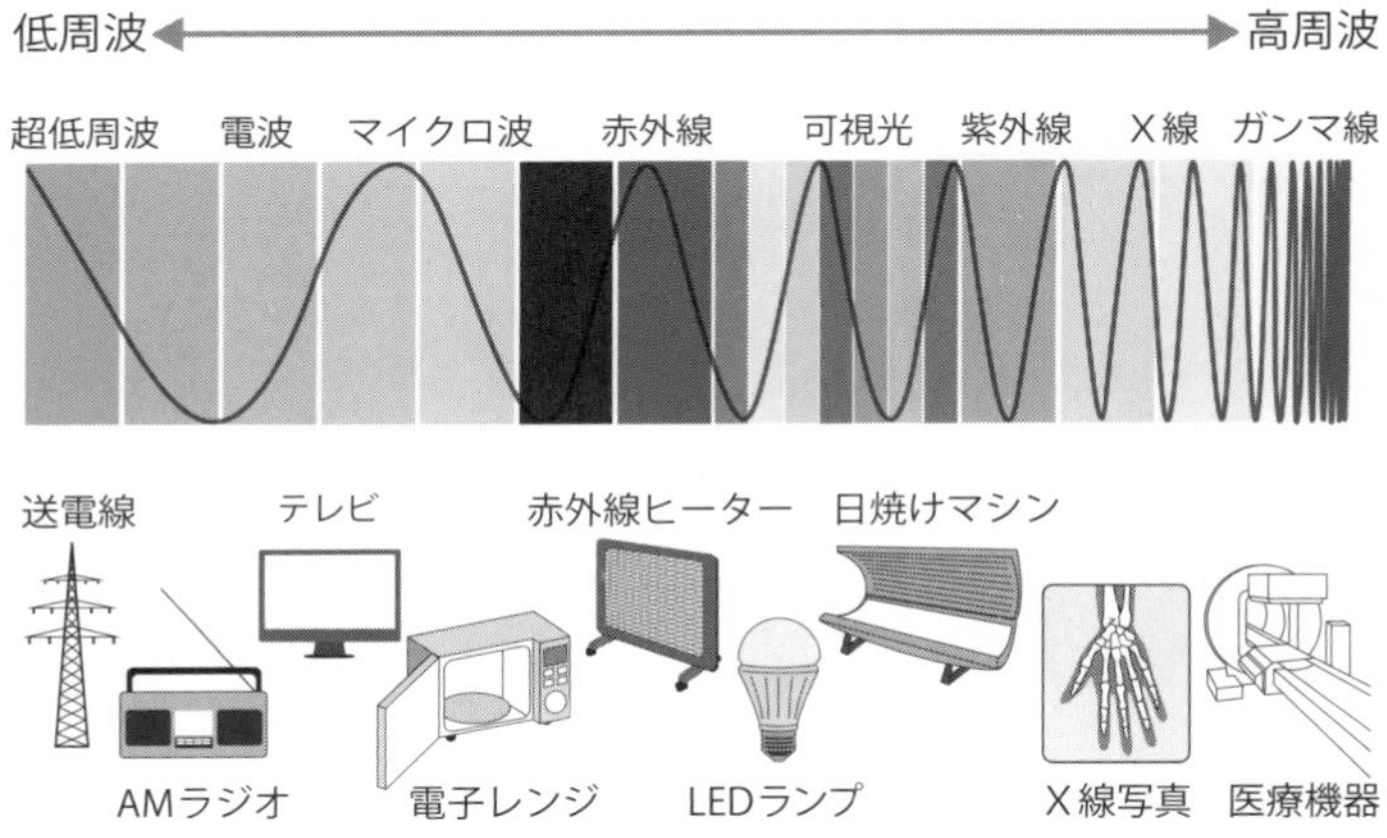

か？

まずは、X線によって分かったことを見てみます。

X線を使って超高温の宇宙を見る

目に見えない光の中でもエネルギーが高いのが、**X線**という光です。

エネルギーの高いX線は、宇宙の中でも100万～10億℃という超高温の場所で放出されています。X線をとらえる望遠鏡を使ってこれを観測すれば、超高温の宇宙を見ることができます。

X線は波長が非常に短いため地球の大気で

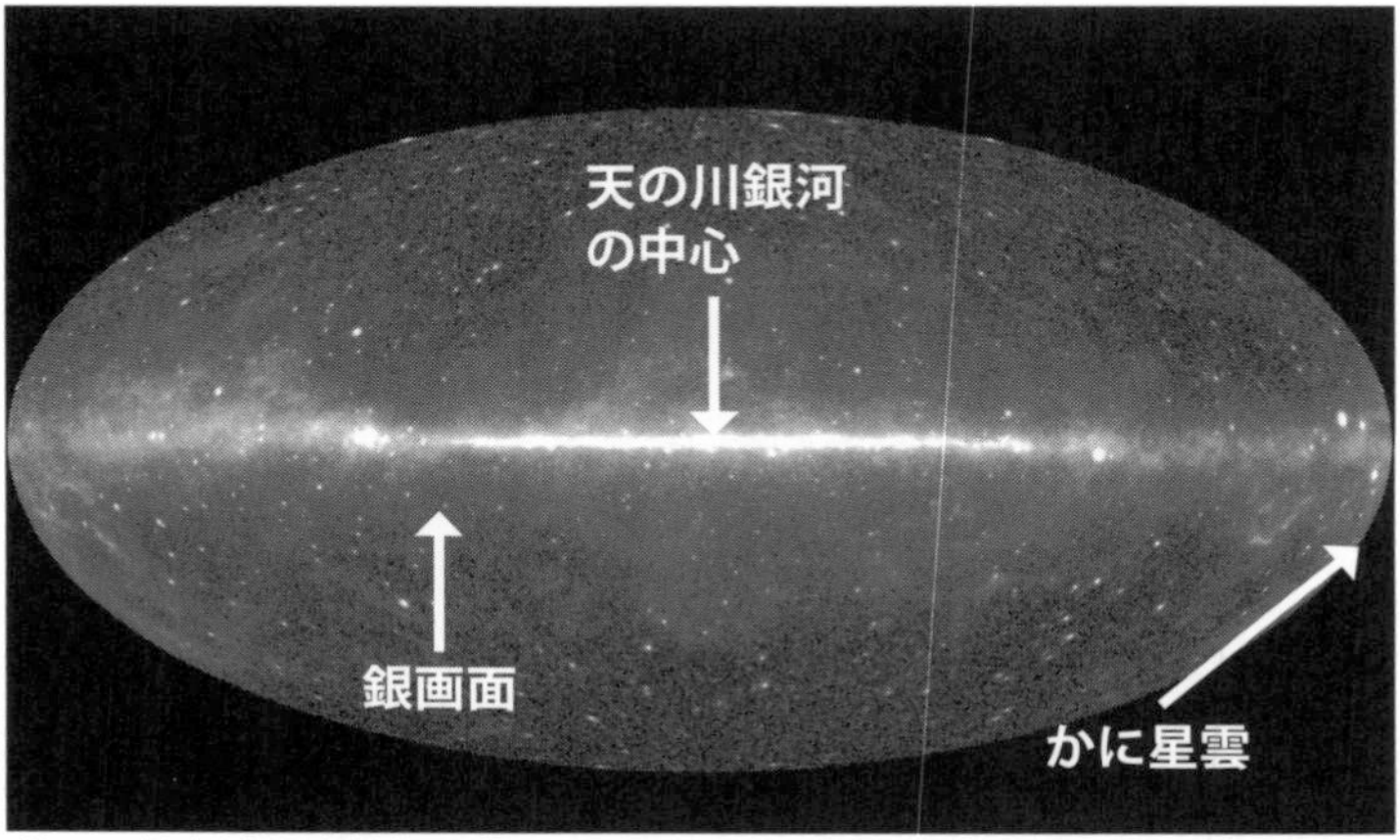

ガンマ線広域望遠鏡衛星「GLAST」が5年間蓄えたデータをもとに作成された全天地図。ガンマ線は、X線と同じく高エネルギーの光。中心にあるのが天の川銀河の中心で、右端にかに星雲がある。（画像：NASA/DOE/Fermi LAT Collaboration）

散乱されやすく、地上に届く量はわずかです。そこで、X線をとらえる望遠鏡は人工衛星に搭載され、観測を続けているのです。

X線は、たとえば上の画像のように、**宇宙空間にある高温ガスを鮮明にとらえることができます。**

この画像では、銀河面に沿うようにして高温ガスが分布しているのが分かります。高温ガスが、星々を取り巻くように分布しているのです。

さらに、銀河面以外の場所にも、局所的に特に高エネルギーになった領域を見つけることができます。

これらの場所には、中心にブラックホールを持つような活動的な銀河が多く存在していると考えられています。

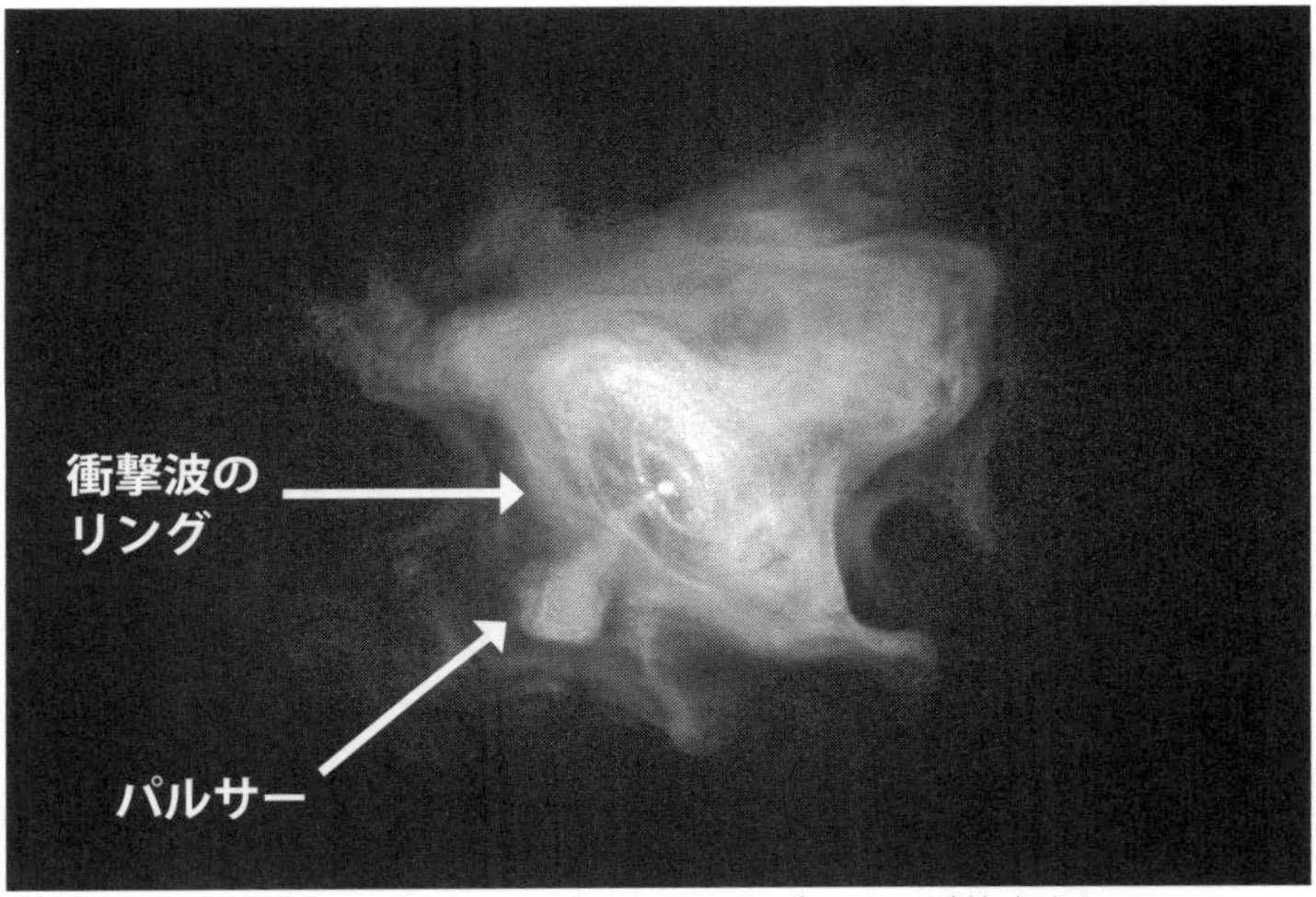

Ｘ線でとらえたかに星雲。リングの中心からパルサーが放出されている。（画像：NASA/CXC/A.Jubett）

パルサー星雲の姿

上の画像は、Ｘ線天体衛星がとらえた**「かに星雲」**です。

地球から約６０００光年離れているかに星雲は、パルサー星雲として知られています。

高速で自転するためにＸ線などの光をパルス状に放出する天体を**パルサー**といいます。かに星雲にもパルサーがあります。

そして、パルサーは強い磁場を持っています。すると、周囲にある電気を持った粒子が高速回転する磁場と影響しあうことでエネルギーが放出され、Ｘ線が発せられます。

かに星雲はこのような状態にあり、パルサー

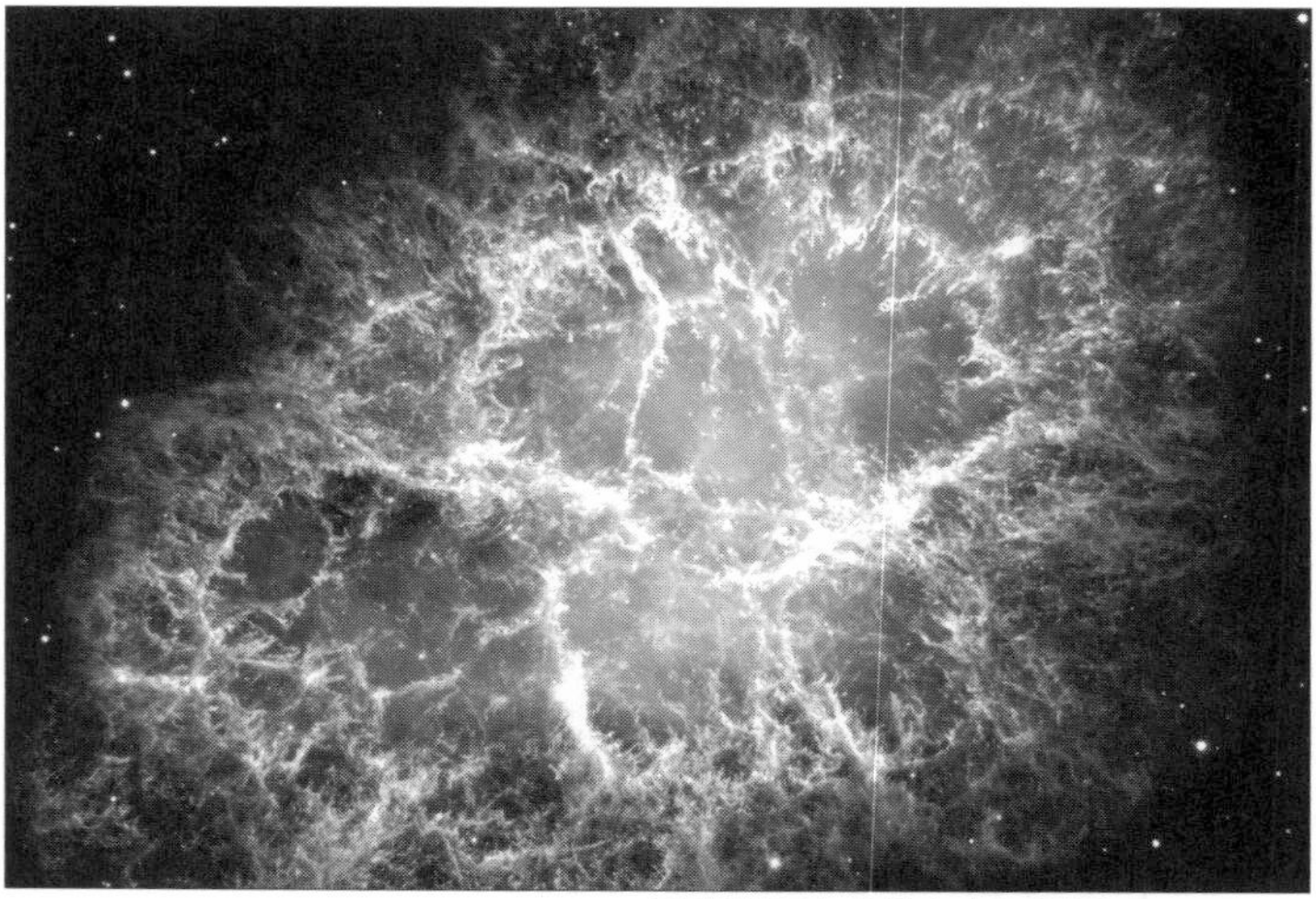

可視光でとらえたかに星雲（NASA/ESA）

星雲と呼ばれています。

上の画像のような可視光による観測では、かに星雲がX線を放つ様子は分かりませんでした。X線で観測することで、かに星雲が高エネルギー状態であることが分かり、また中心にパルサーの存在もはっきり確認できました。さらに、パルサーから流れ出た電気を持った粒子が周囲の星雲とぶつかってできたと考えられる衝撃波のリングも見て取ることができます。

今度は、X線でとらえた**超新星爆発**の画像を見てみます。

みずから輝く恒星がその一生を終えるとき、超新星爆発という大爆発を起こすことがあります。

これは、太陽くらいの重さの恒星では起こ

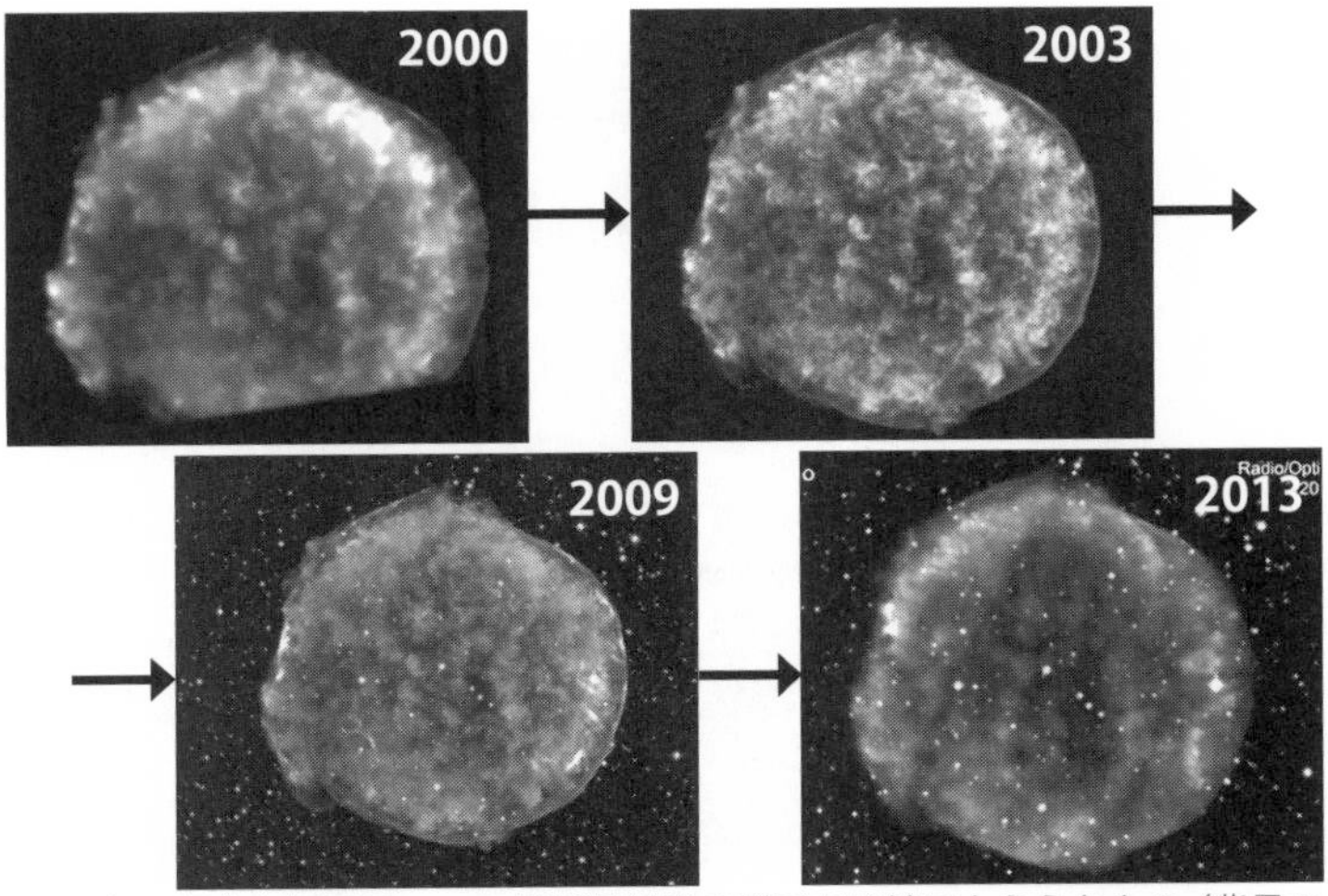

1572年に起きた恒星ティコの超新星爆発の様子をX線でとらえたもの（背景の星は可視光線によるもの）（画像：X-ray: NASA/CXC/RIKEN & GSFC/T. Sato et al; Optical: DSS）

らないのですが、太陽よりずっと重い恒星が最期《さいご》に起こす現象です。

　超新星爆発は、可視光でもとらえることができます。ただ、非常にエネルギーが高い現象で大量のX線を放出するので、X線で観測すると可視光による観測では分からなかった様子も知ることができるのです。上の一連の画像は、超新星爆発の様子をX線でとらえたものです。

　X線は、ブラックホールの存在をもとらえてしまいます。詳細は12ページで紹介していますが、ブラックホールに吸い込まれるガスは超高温となります。そして、X線を発します。

　このようにして、X線の観測によって間接的にブラックホールの存在も知ることができるのです。

紫外線を使って銀河の姿に迫る

紫外線による観測で見えるようになる銀河

宇宙からやってくる紫外線も、可視光では分からなかった宇宙の姿を知る手がかりとなります。

紫外線は地上のオゾン層によって吸収されるので、やはり人工衛星で観測しています。

たとえば、左の画像は**「NGC404」という銀河**を紫外線で撮影したものです。銀河の姿を鮮明にとらえています。

しかし、可視光でこの銀河をこれほどはっきり撮影することはできません。同じ領域に、**「ミラク」**という強く輝く星があるからです。ミラクは地球から200光年しか離れていないため、非常に明るく見えるのです。

そこで、**紫外線観測**が役立ちます。

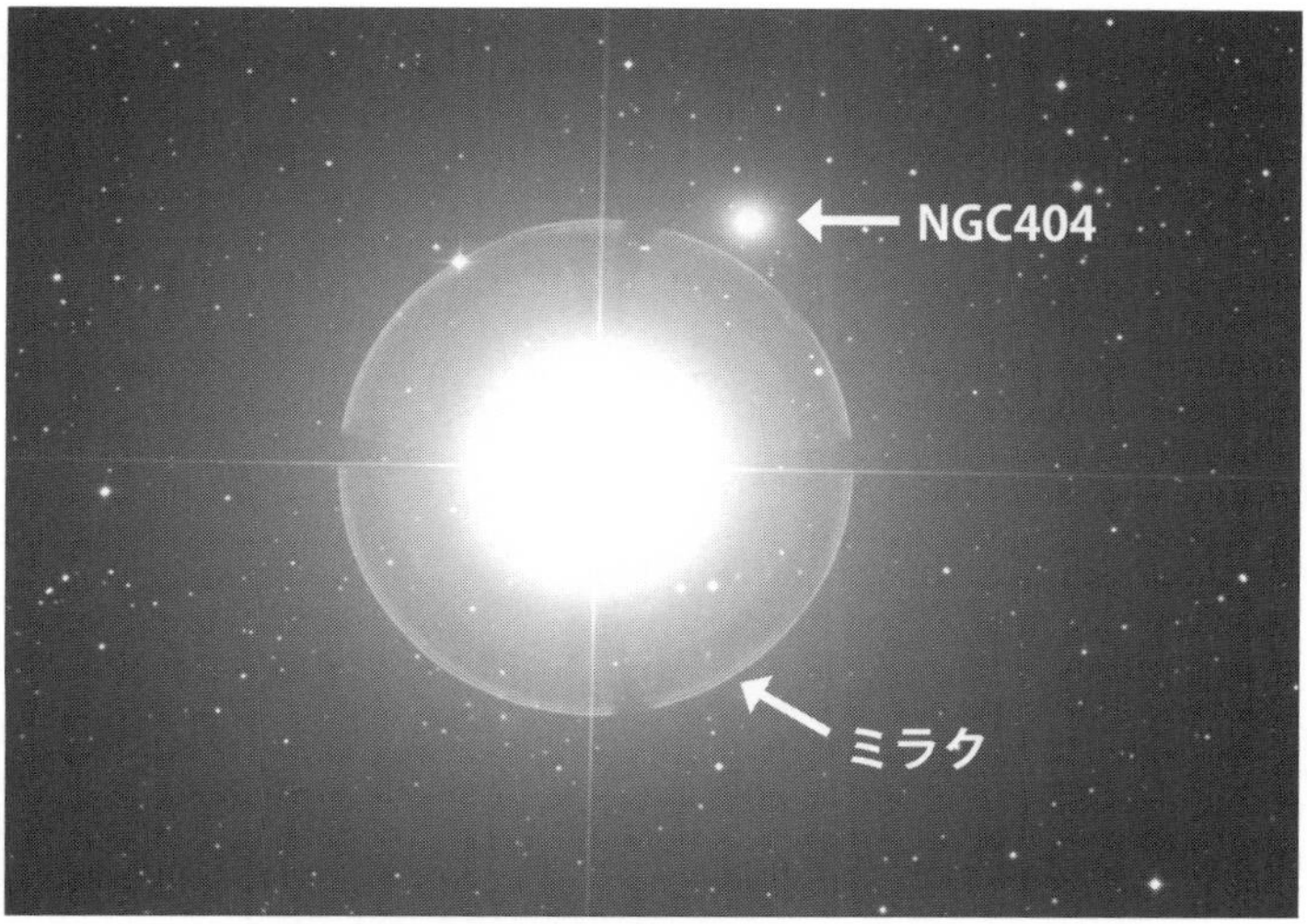

NGC404 とミラクを可視光線で撮影したもの

上と同じ領域を紫外線で撮影したもの。同じ領域に見えるミラクの輝きに隠れがちな NGC404 は「ミラク・ゴースト」とも呼ばれる。（画像：ともに NASA・部分拡大）

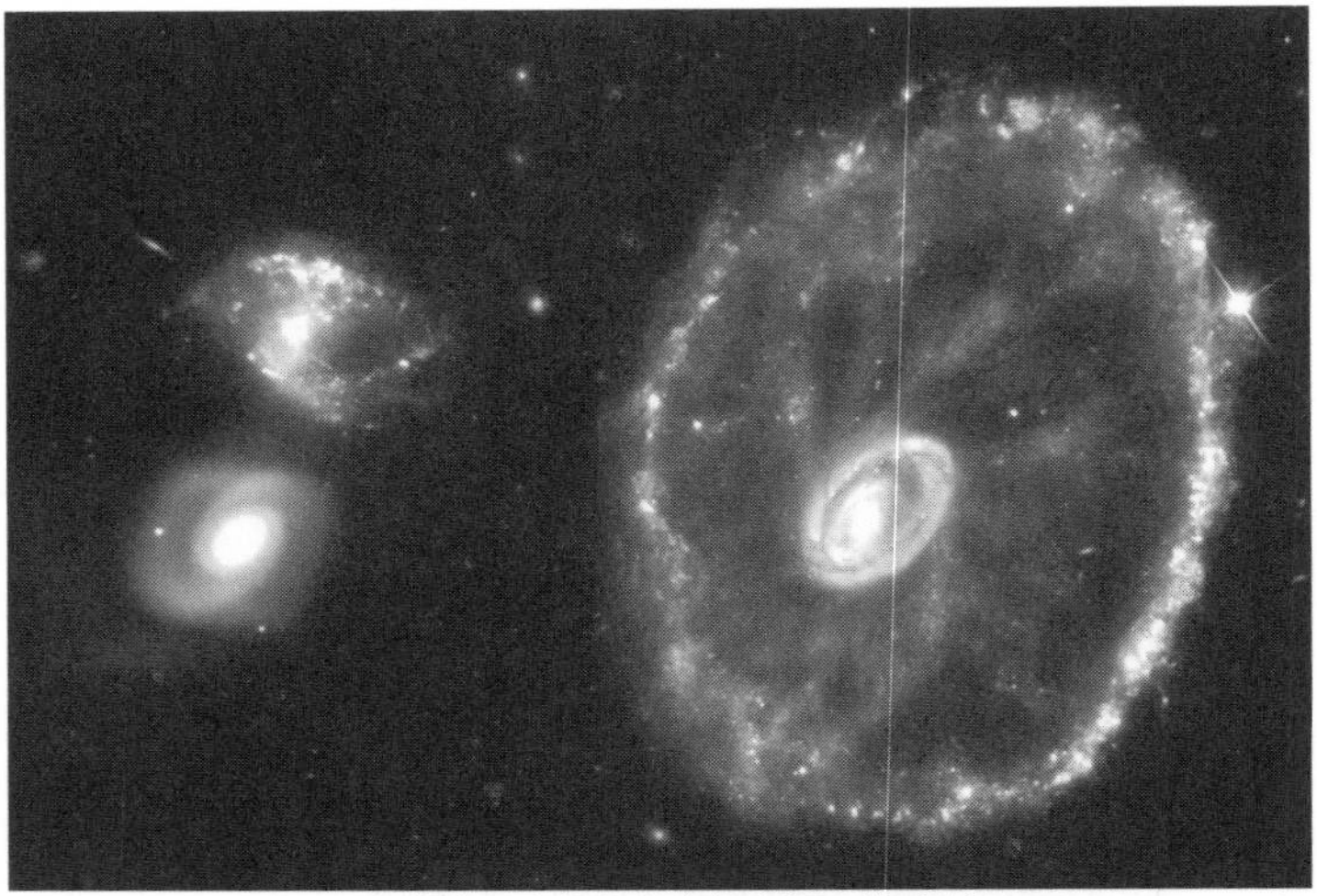

可視光でとらえた車輪銀河の姿（右）（ESA, NASA, Hubble）

ミラクは強い可視光は放ちますが、紫外線はほとんど放出していません。逆に、NGC404は多くの紫外線を放っています。そのため、紫外線ではNGC404の方が鮮明にとらえられるのです。

紫外線で見える銀河の方が活動が活発

上の画像は、地球から5億光年も遠くにある**「車輪銀河」**と呼ばれる銀河を可視光で撮影したものです。

車輪のように見えることからこのように命名されていますが、その隣に小さな銀河が2つ見えることが分かります。

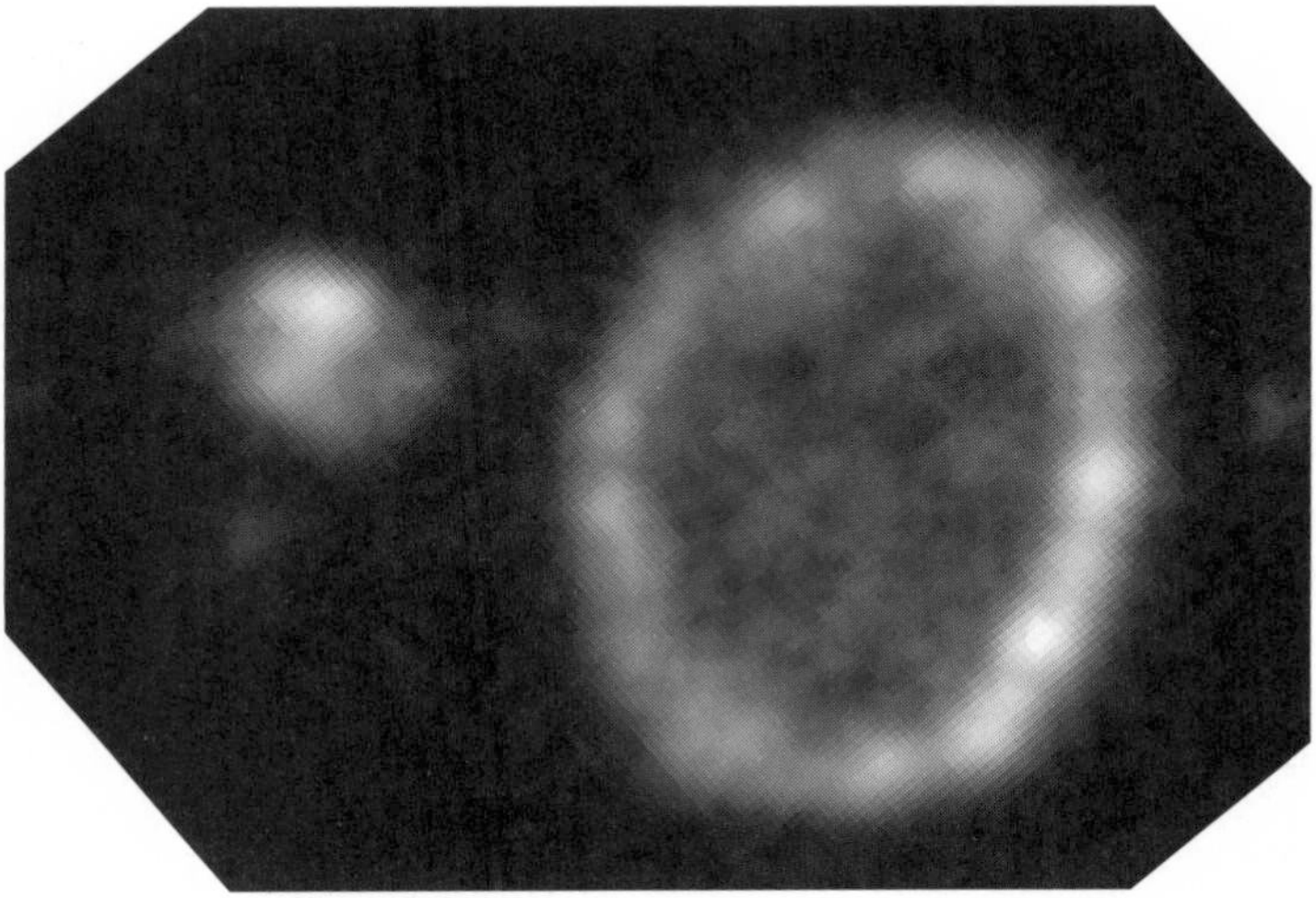

紫外線でとらえた車輪銀河（Chandra, GALEX, Hubble, Spitzer - Composite: NASA/JPL/Caltech/P.Appleton et al. の一部）

上の画像は、まったく同じ場所を紫外線で撮影したものです。こちらでは、可視光でとらえた2つの銀河のうち1つが映っていません。どうしてでしょう?

銀河の中には無数の星があります。そして、現在も新たな星が生成されています。星の生成が活発であればあるほど、多くの紫外線が放出されます。

つまり、可視光では見えたのに紫外線では見えない銀河より、**紫外線でも見える銀河の方が星の生成が活発に起こっている**ことが分かるのです。

その理由は、紫外線でも見える小さな銀河は車輪銀河を貫いたためだと考えられています。次ページの図の右上側から衝突し、車輪銀河を貫いて現在の位置にいるのです。

（画像：NASA/JPL-Caltech/P. N. Appleton (SSC-Caltech)）

銀河どうしが衝突することで、星の生成が活発に起こるようになったのです。

しっぽが見えるのは素早く移動している銀河

左ページの画像は、地球から約４００光年の距離にある天体「ミラ」をとらえたものです。ここでも、可視光でとらえたもの（上）と紫外線でとらえたもの（下）を比べてみます。

じつは、ミラは秒速１３０キロメートルという異常な速さで、画像の右側へ移動している天体です。紫外線の画像では、その様子が分かると思います。そのうしろにしっぽが見えるからです。

上：可視光でとらえたミラ／下：紫外線でとらえたミラ
（NASA/JPL-Caltech/POSS-II/DSS/C. Martin (Caltech)/M. Seibert(OCIW)）

不思議なことに、可視光の画像ではこのしっぽは見えません。**紫外線でだけ見える**のです。このことは、次のように理解されています。

ミラは、太陽程度の大きさの恒星が最期に迎える**赤色《せきしょく》巨星**の状態にあります。

赤色巨星とは膨張《ぼうちょう》と収縮を繰り返す不安定な状態です。ミラが膨張するときには、周囲へガスを放出します。これは宇宙空間を漂う水素ガスに高速で衝突します。そのときに大量のエネルギーが発生し、紫外線が放出されるのです。

ミラは周囲にガスをまき散らしながら高速で移動していくため、しっぽのように紫外線が放出されるというわけです。

このように、紫外線はエネルギーの高い状態にあるものをとらえるのに有効なのです。

赤外線を使って宇宙の別の姿を見る

赤外線を使えば宇宙の別の姿が見られる

今度は、赤外線による宇宙観測で分かることを紹介します。赤外線望遠鏡も、やはり人工衛星に搭載されています。

赤外線は可視光よりも波長の長い光です。その中でも波長が可視光に近いものは**「近赤外線」**、波長が可視光から離れているものは**「遠赤外線」**と呼ばれます。

じつは、**近赤外線と遠赤外線では宇宙の見え方が変わってきます。**

近赤外線は、宇宙空間に漂う塵《ちり》を透過します。ですので、可視光では塵にさえぎられて見えなかった領域を、近赤外線を使うことで観測できるのです。

左の画像は、アメリカの近赤外線領域観測

近赤外線でとらえた全天地図（"Atlas Image obtained as part of the Two Micron All Sky Survey (2MASS), a joint project of the University of Massachusetts and the Infrared Processing and Analysis Center/California Institute of Technology, funded by the National Aeronautics and Space Administration and the National Science Foundation."）

プロジェクト「**2MASS**」によって作られたものです。

宇宙空間には塵《ちり》が漂っています。そのため、天体の中には、塵にさえぎられて可視光では観測できないものがたくさんあります。ですが、近赤外線を使うことで、そのような天体もはっきりと見ることができます。

遠赤外線は宇宙の塵が放出する光をとらえる

次ページの画像は、新たな星が生まれつつある様子を**遠赤外線**でとらえたものです。

星間ガスが圧縮されて明るく輝いている領域があります。ここでは、星が作られる熱に

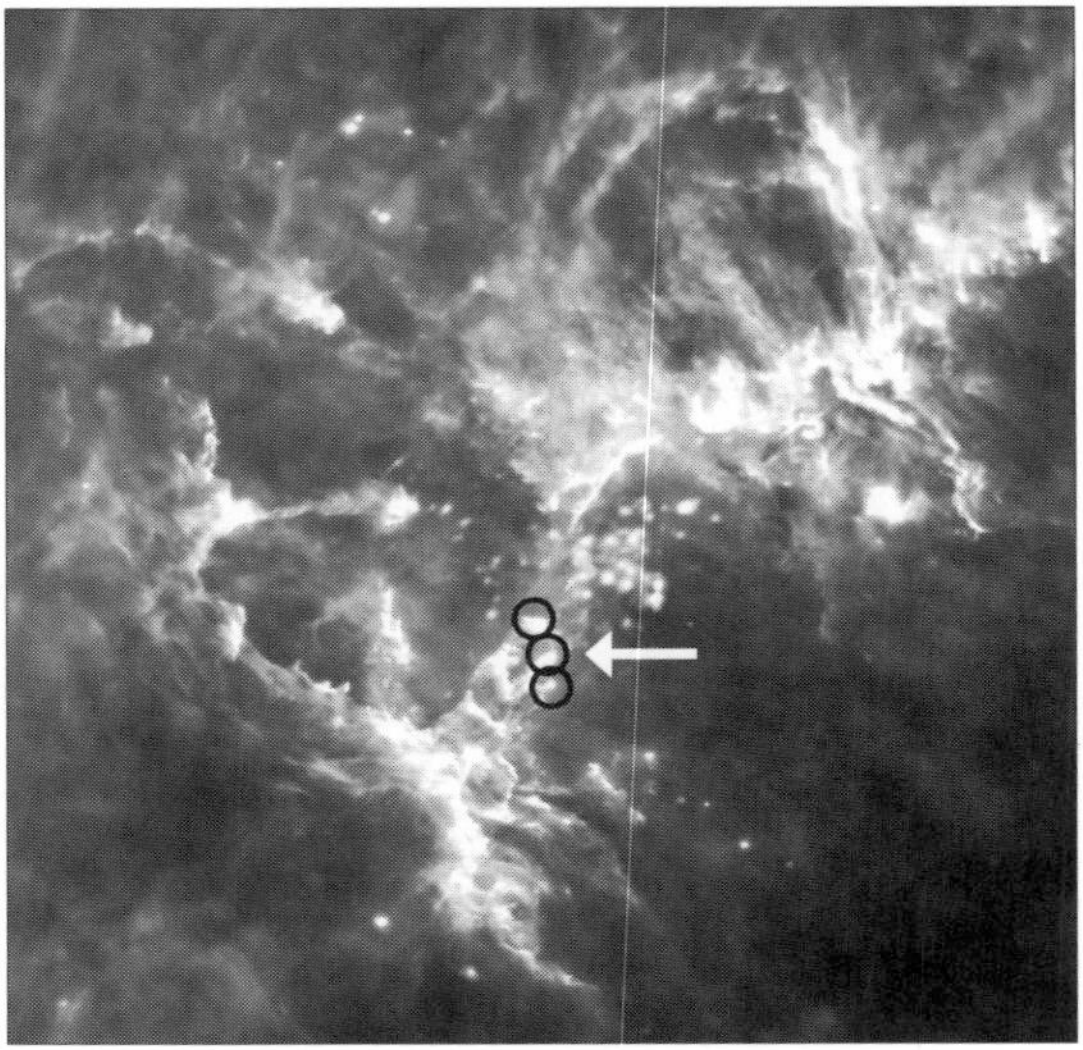

赤外線でとらえたわし星雲。丸の部分が星間ガスが圧縮されて明るくなっているところ。（ESA/Herschel/PACS/SPIRE/Hill, Motte, HOBYS Key Programme Consortium）

よって塵が温められていると考えられます。温められた塵が、遠赤外線を放っているのです。

じつは、同じ領域の可視光による観測はすでに行われていました。しかし、可視光での観測では暗く写っていたのです。厚い塵に覆《おお》われている領域のため、星が作られる輝きをとらえることはできていなかったのです。

遠赤外線による観測を通して、新たな発見を得られたのですね。

遠赤外線では、**宇宙の塵が放出する光**をとらえることができます。

左の画像は、ＥＳＡ（ヨーロッパ宇宙機関）のハーシェル宇宙天文台がとらえた画像です。天文台といっても地上にあるのではなく、人工衛星に搭載された望遠鏡です。こちらも遠

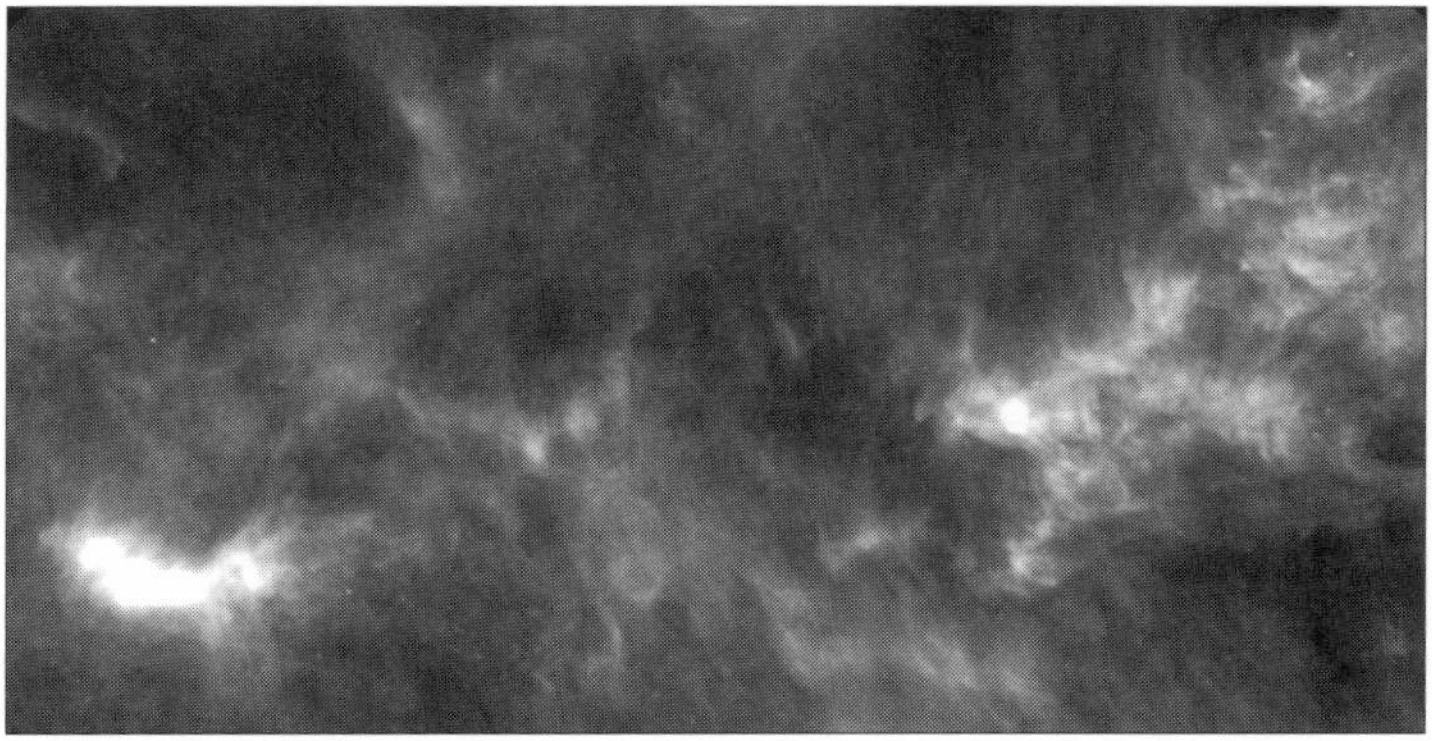

星雲「Lynds1544」(ESA/Herschel/SPIRE)

赤外線を観測します。

　この画像は、地球から４５０光年ほど離れたところにある**星雲**です。星雲は、星の材料となるガスが集まった場所ですが、星はまだ生まれていません。星雲には星がないため、マイナス２００℃以下という極低温の状態になっています。ところが、そこに**地球上の海水をすべて水蒸気にしたときの２０００倍以上の量の水蒸気**を、ハーシェル宇宙天文台はとらえたのです。マイナス２００℃以下であれば、水は氷としてしか存在できないはずです。

　この星雲にある大量の水蒸気は、氷に宇宙から放射線が降り注いで気化されてできたのではないか。遠赤外線による観測が、そのような可能性を示唆したのです。

2章

私たちの太陽系の話

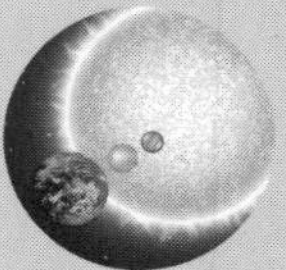

太陽の活動に異変あり？

観測でわかった太陽の異変

私たちが地球上で暮らすことができるのは、太陽があるおかげです。太陽が安定して活動していてこその地球ですが、その**太陽に異変が起こりつつある**ということが分かってきました。

人類が太陽を科学的に観測できるようになったのは、約４００年前のガリレオによる天体望遠鏡の発明からです。

以来、望遠鏡の進歩とともに太陽の様子も詳しく分かるようになってきました。

現在では、望遠鏡を搭載した人工衛星で観測しています（「太陽観測衛星」といいます）。日本、アメリカ、イギリスによって共同開発された**太陽観測衛星「ひので」**は、２００６

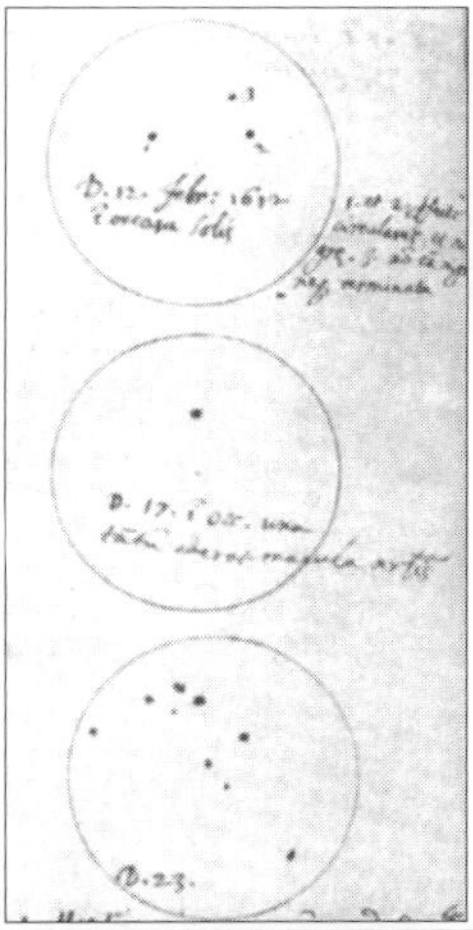

上：可視光・磁場望遠鏡とX線望遠鏡を積んで太陽を観測している「ひので」（NASA/GSFC/C. Meaney）
左：ガリレオが描いた太陽のスケッチのひとつ（1612年2月12～23日の記録）

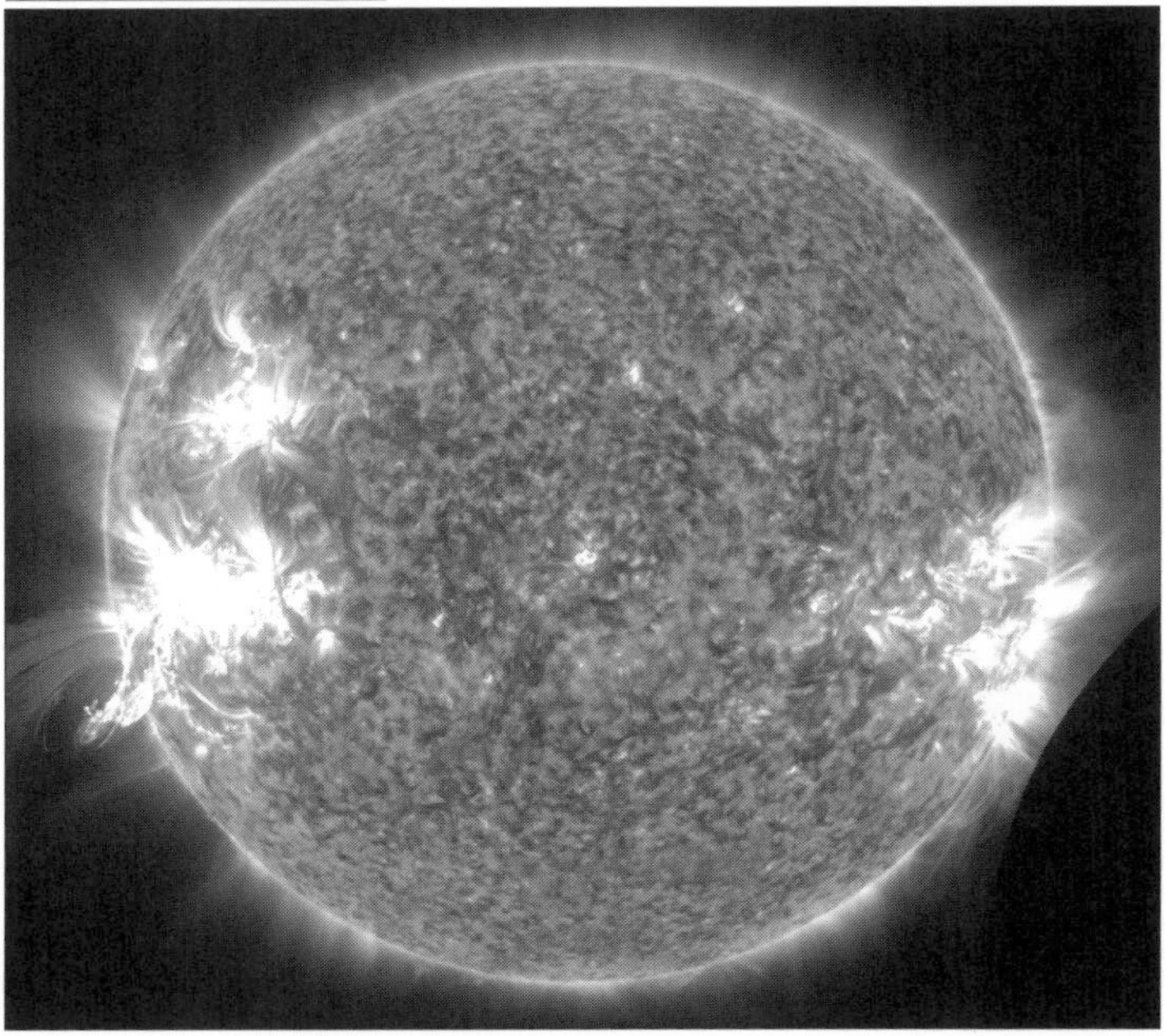

太陽フレアを噴出させる太陽（NASA/SDO）

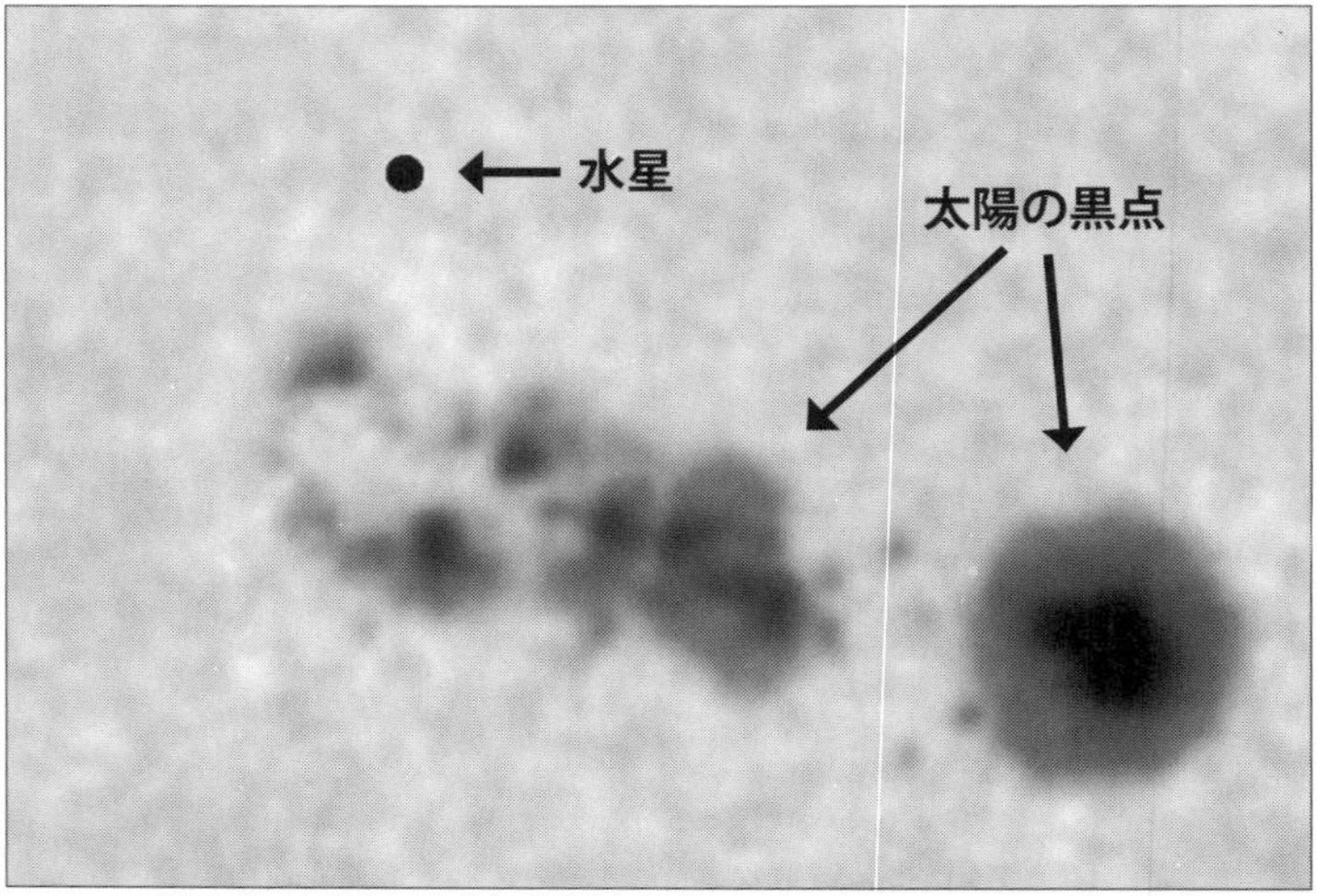

太陽の黒点（斑点部分）付近を通過する水星のモンタージュ画像（ESO）

年に内《うち》之《の》浦《うら》宇宙空間観測所から打ち上げられ、現在も太陽を観察中です。

ひのでによる観測から、太陽についてどんなことが分かってきたのでしょう。

スーパーフレアによって電波障害が起こる？

太陽の表面は、６０００℃ほどの高温になっていることが分かっています。その中には、黒く見える部分があります。

これは**「黒点」**と呼ばれ、温度が４０００℃くらいになっているため暗く見えるようです。

黒点では、周囲に比べて**磁場が強くなっています**。その影響で温度が低くなっているよ

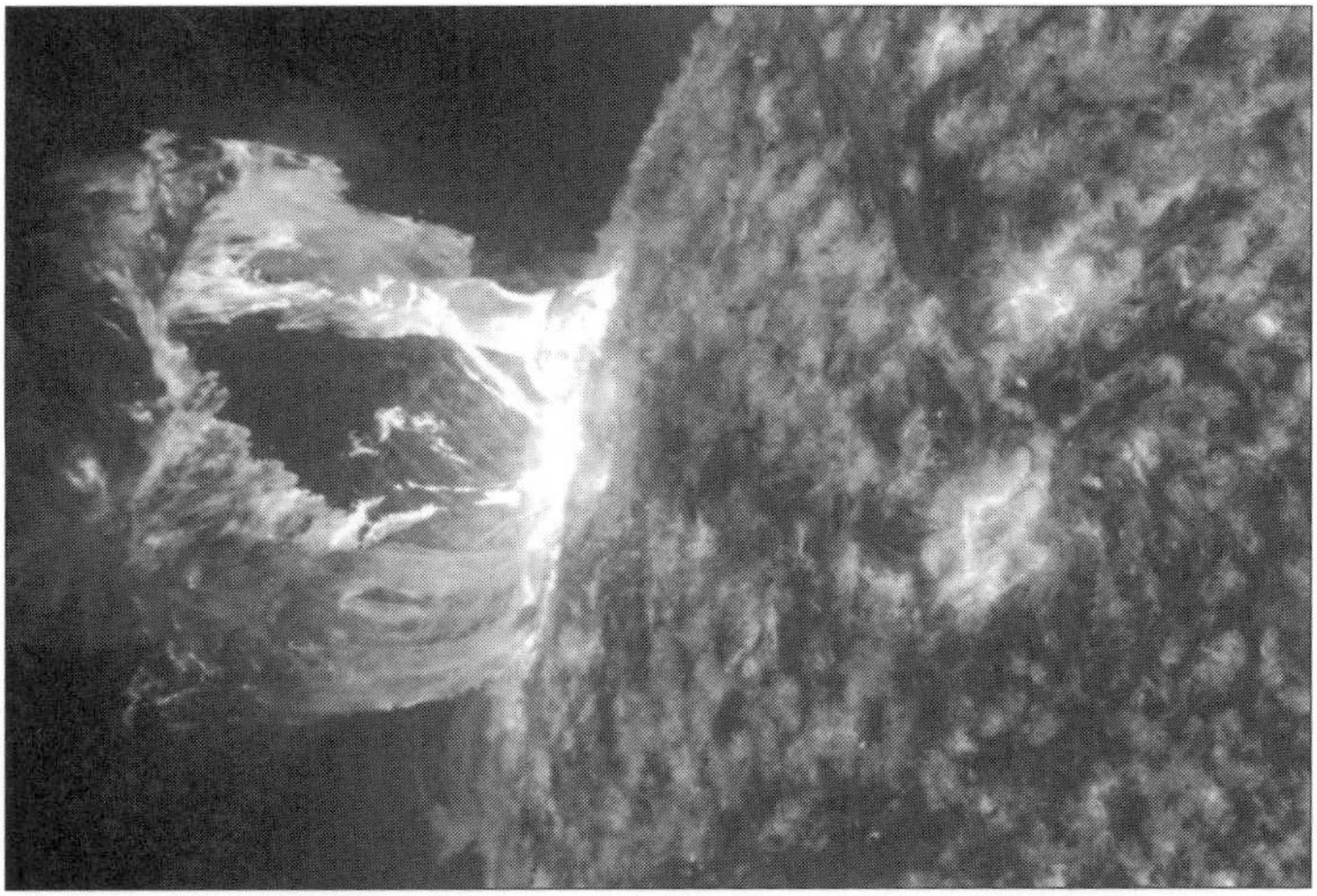

規模の大きな太陽フレアは地球を包み込むほどのサイズになる。（NASA/SDO/AIA）

うなのですが、ここでは**「フレア」**という現象が起こりやすくなっています。

フレアというのは、太陽表面で起こる爆発現象です。フレアが起こると、周囲のガスの温度は1000万℃以上にもなります。そのため強烈に光り輝いて見えます。

さらに、大量のX線や紫外線、そしてプラズマ粒子と呼ばれる電気を持った粒子が宇宙空間へ放出されます。

フレアにはいろいろな規模のものがあります。規模の小さいものなら1日のうちに何度も起こっていますし、規模の大きなもの（5段階のうち最大のもの）も年に10回ほど起こります。

フレア自体は決して珍しいことではなく、普通のフレアであれば地球に大きな影響を与えることはありません。しかし、大規模なフレアが起こると、地球に甚大な影響を与えます。

１９８９年3月、カナダのケベック州で9時間に及ぶ停電が発生しました。これは、非常に規模の大きいフレアが、太陽のちょうど地球に向いた面で起こった影響だったと考えられています。

フレアによって、**大量のプラズマ粒子が地球へ届きます**。

これは地磁気を大きく乱しました。磁気の変化によって電流が発生する「**電磁誘導**」という現象により、変電所に過大な電流が流れ、破壊されてしまったのです。

このようなことは頻繁にはありませんが、地球が太陽活動によって影響を受けていることが分かります。フレアの規模が大きいほど、深刻な影響を受けかねません。

じつは、２０１８年に太陽にもっとも近い恒星であるプロキシマ・ケンタウリで、非常に規模の大きなフレアが発生したのが観測されました。

これは、いままで太陽で観測された最大級のフレアに比べ、10倍もの規模だったそうです。

このことは、太陽でもこのような巨大なフレアが発生する可能性があることを示唆しています。現在の研究では、観測された中で最大級のフレアの１０００倍ものエネルギー規模のフレアが、太陽で発生する可能性があることが分かっています。

その頻度は１０００年に1度くらいとのこ

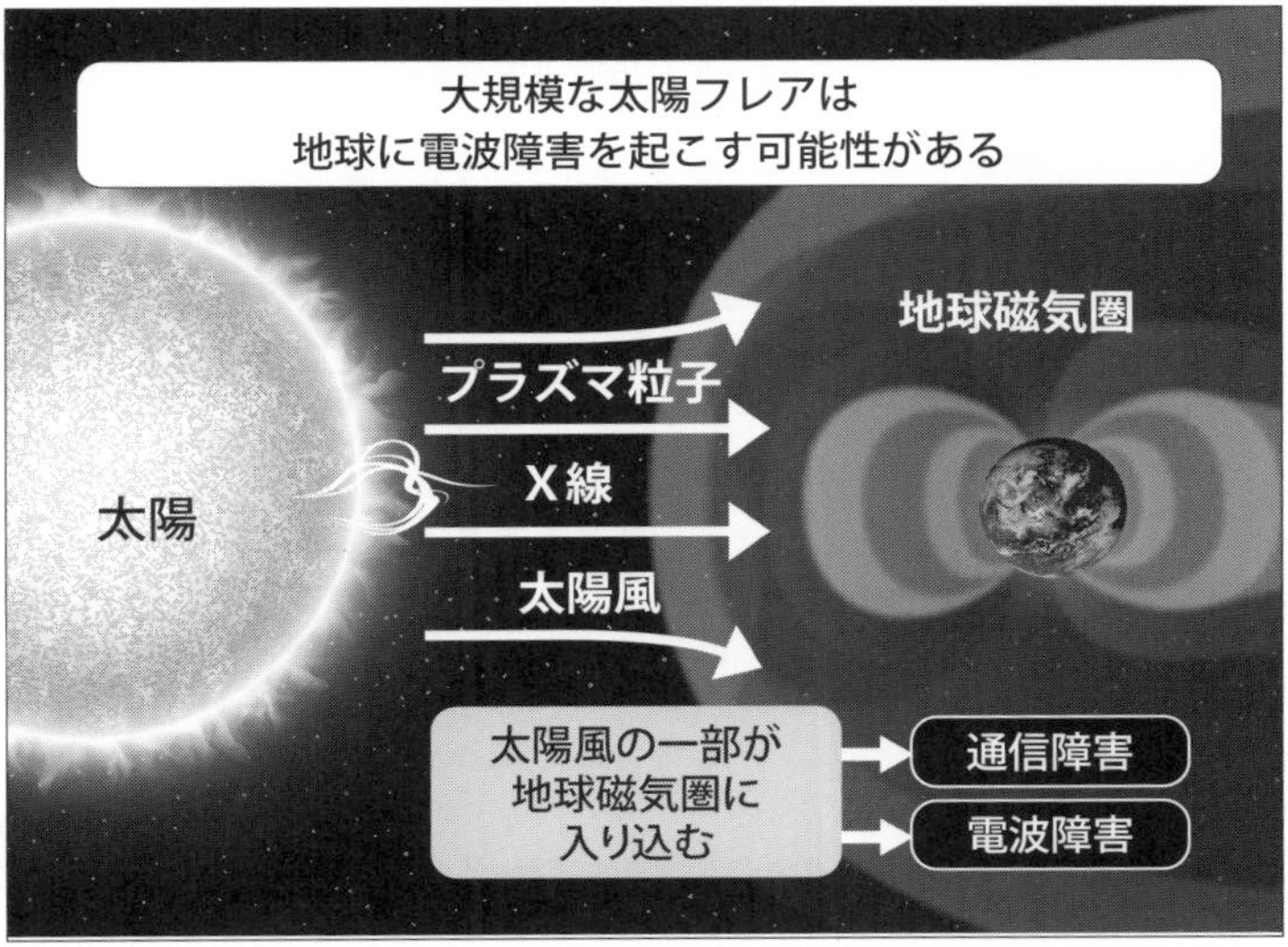
大規模な太陽フレアは
地球に電波障害を起こす可能性がある
地球磁気圏
プラズマ粒子
X線
太陽
太陽風
太陽風の一部が
地球磁気圏に
入り込む
通信障害
電波障害

とですが、もしもそのようなことが起これば地球は大変なことになるでしょう。世界中で通信障害、停電が起こった場合、被害は計り知れません。今後も、太陽の観測に注目したいところです。

太陽活動が衰退している

太陽で大規模なフレアが起こるのは脅威ですが、活動自体は続けてもらわないと困ります。しかし、太陽の活動が徐々に衰えているのではないか、という観測結果が示されています。

太陽活動の活発さは、黒点の数で測ること

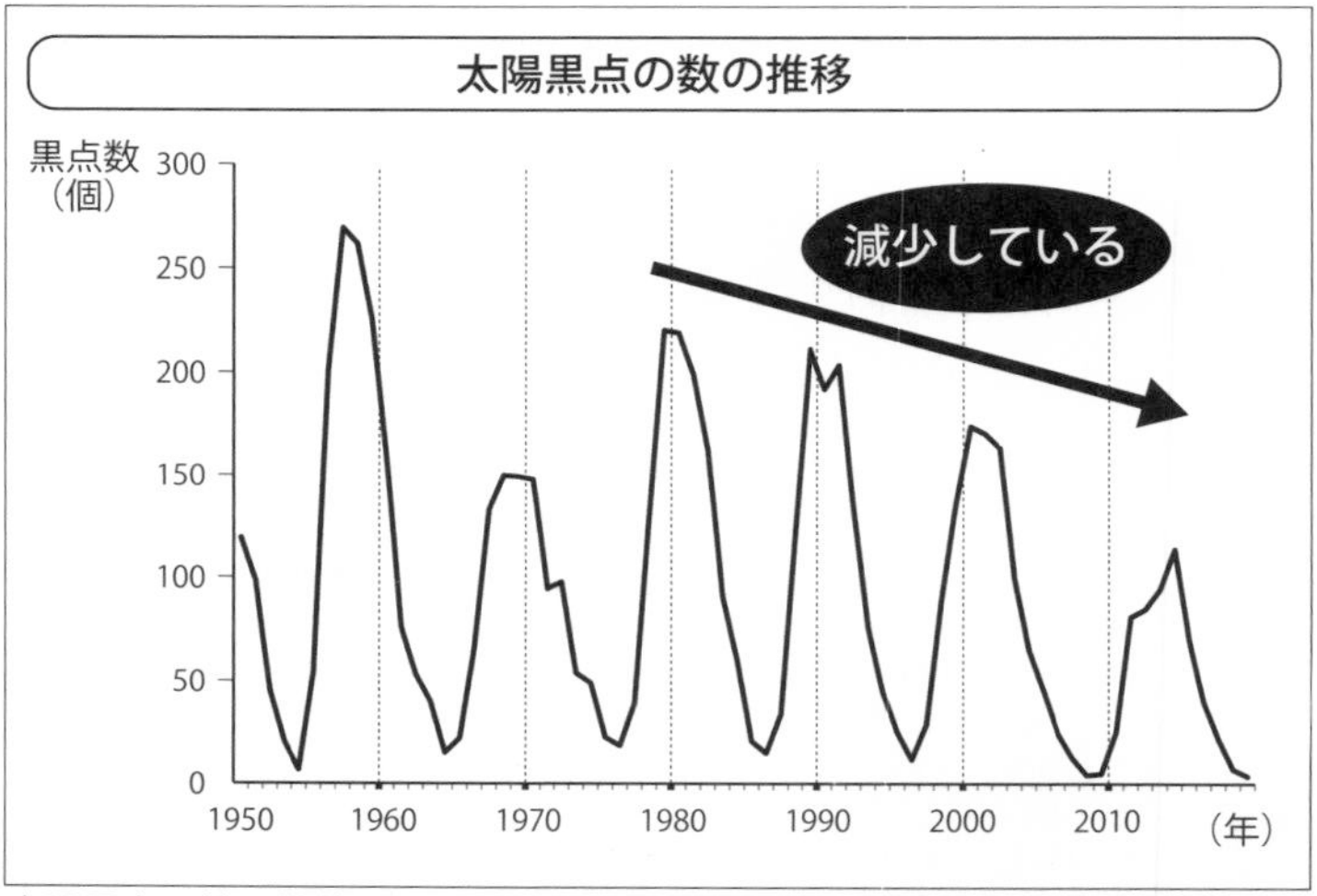

太陽黒点の数の推移（データ出典：SILSO (Sunspot Index and Long-term Solar Observations)

ができます。太陽が活発に活動するほど黒点が増え、フレアなどの現象が起こることになります。

太陽に現れる黒点の数は、継続的に観測されています。上のグラフがその結果を示しています。グラフから分かるように、**太陽では黒点が増減を繰り返しているのです**。

黒点は11年サイクルで増減していて、このこと自体は太陽がずっと昔から続けてきたものと考えられています。

注目したいのは、ピーク時における黒点の数です。特に過去4回の周期を見ると、ピーク時の黒点の数が徐々に減っていることが分かります。このことは、太陽の活動が衰えてきていることを示している、と考えられているのです。

1684年に描かれた絵画。マウンダー極小期にはテムズ川が完全に凍ったという。（エイブラハム・ホンディウス画）

太陽活動の衰退は地球を寒冷化に向かわせる

じつは、過去にも太陽活動が衰退したことはあります。

たとえば、1645〜1715年の70年間は**「マウンダー極小期《きょくしょうき》」**と呼ばれ、黒点の数が著しく減少していたようです。その影響で、**地球の平均気温が低かった**ことも分かっています。

スイスのアルプスの氷河が低地へ拡大して農村を飲み込んだり、ロンドンのテムズ川やオランダの運河や河川、ニューヨーク湾などで凍結が起こったりしました。

ヨーロッパ各地では飢饉が起こり、戦争の

一因となりました。日本では江戸時代にあたりますが、江戸時代に多くの飢饉《ききん》が発生したことはよく知られています。

太陽活動の衰退は、地球を寒冷化に向かわせます。これは、地球へ届く太陽光が減るからということもありますが、じつはその影響は微々たるものです。それとは別の仕組みで、太陽活動の衰退が地球を寒冷化させることが分かっています。

地球寒冷化の仕組み

地球の気温には、雲の量が大きく影響しています。雲が増えれば太陽光をたくさん反射するようになるので、地球は寒冷化へ向かうことになります。

雲は地上の水蒸気から作られますが、雲ができるには何か核となるものが必要です。それは空気中の塵や埃だったりするわけですが、宇宙空間から降り注ぐ**宇宙線**も、雲を作る核を生み出します。

その仕組みは左の図の通りです。

宇宙線が大気に衝突すると、プラスやマイナスの電気を持った**「イオン」**を生み出します。これが集合して大きくなると、雲を作る核になるのです。

このようなことは、常に起こっています。ただ、太陽があるおかげで地球はそれほど大量の宇宙線を受けずに済んでいます。

太陽が作り出す太陽磁場は、太陽系全体を

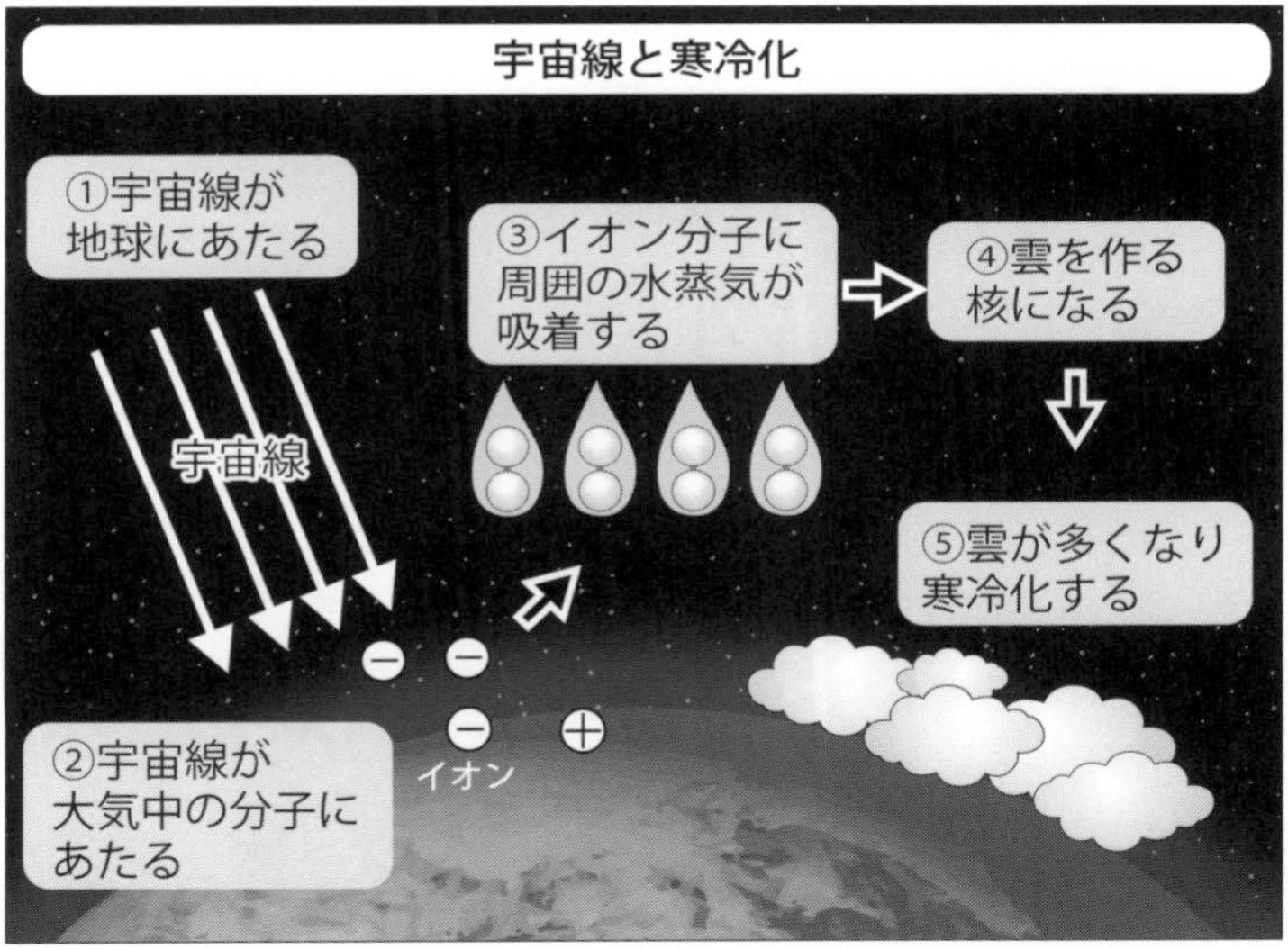
宇宙線と寒冷化
①宇宙線が
地球にあたる
宇宙線
②宇宙線が
大気中の分子に
あたる
イオン
③イオン分子に
周囲の水蒸気が
吸着する
④雲を作る
核になる
⑤雲が多くなり
寒冷化する

覆《おお》っています。太陽磁場は、宇宙のあちこちからやってくる宇宙線に対するバリアとなっているのです。

しかし、太陽の活動が衰退すれば、地球へ届く宇宙線が増加します。その結果、雲の核となるイオンが次々に作られ、雲が増えます。そして、地球は寒冷化へ向かうことになるのです。

ここまで紹介してきたように、太陽活動は地球に対して多大な影響を与えます。

われわれは、生活を守るためにも今後も太陽観測を欠かすことができません。そして、より詳細に観測することが求められています。

日本の太陽観測衛星「ひので」は大きな成果をあげてきましたが、その後継機の計画も進んでいるそうです。

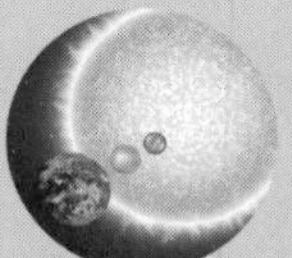

地球に小惑星が衝突するかもしれない？

地球の近くにたくさんある小さな惑星

太陽系には、惑星よりサイズの小さい小惑星と呼ばれる天体がたくさんあります。

そのほとんどは、火星と木星の間にある**小惑星帯**という領域を回っています。小惑星がそのような場所にあれば、地球へ衝突する危険はありません。

しかし、小惑星の中にはより地球の近くを公転しているものも見つかっています。

もともとは小惑星帯を回っていたものが、火星や木星から受ける引力の影響で軌道を乱したのだと考えられています。そのような〝危険な〟小惑星が、1万個以上も見つかっているのです！

こういった小惑星が地球へ衝突する可能性

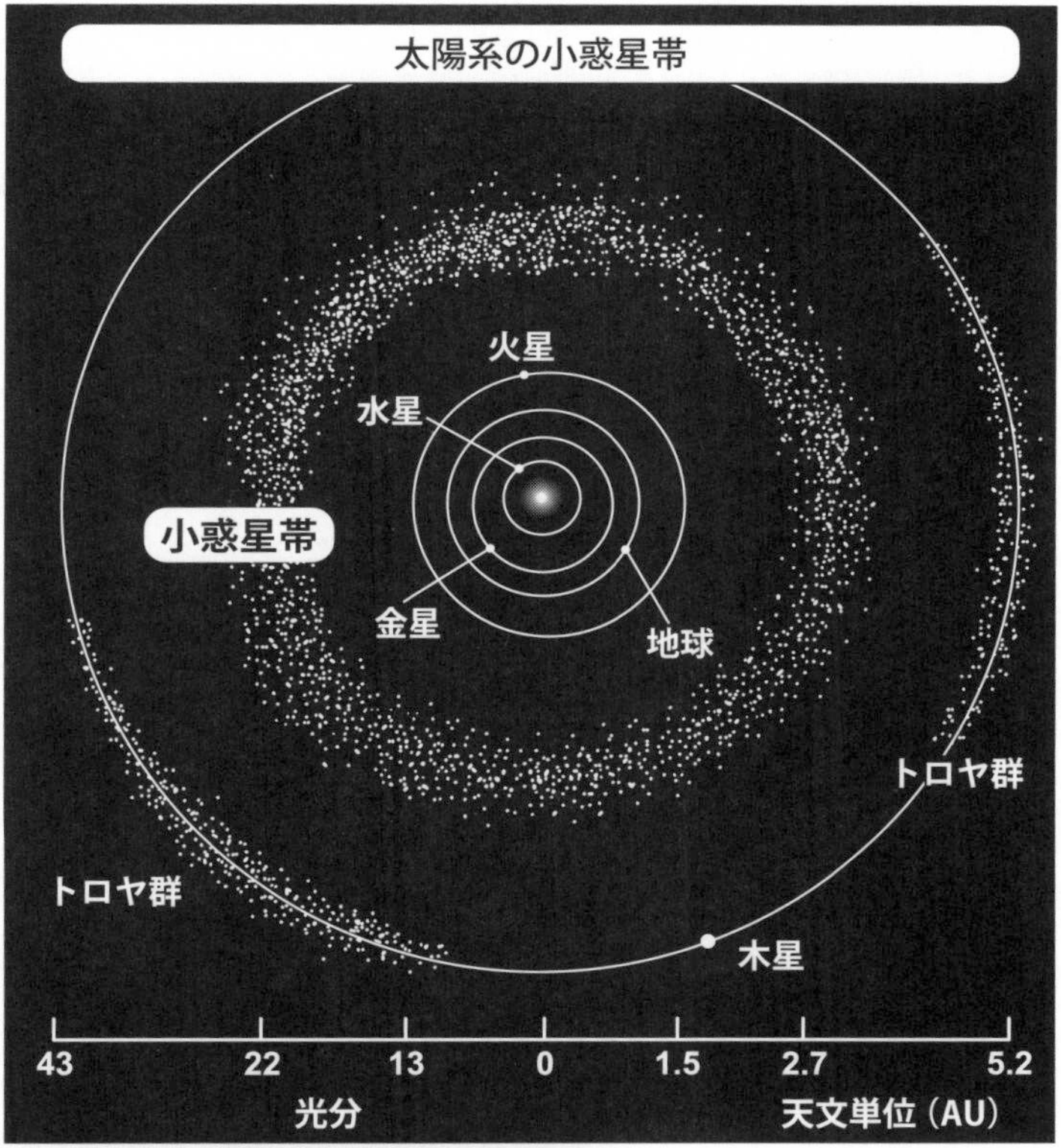

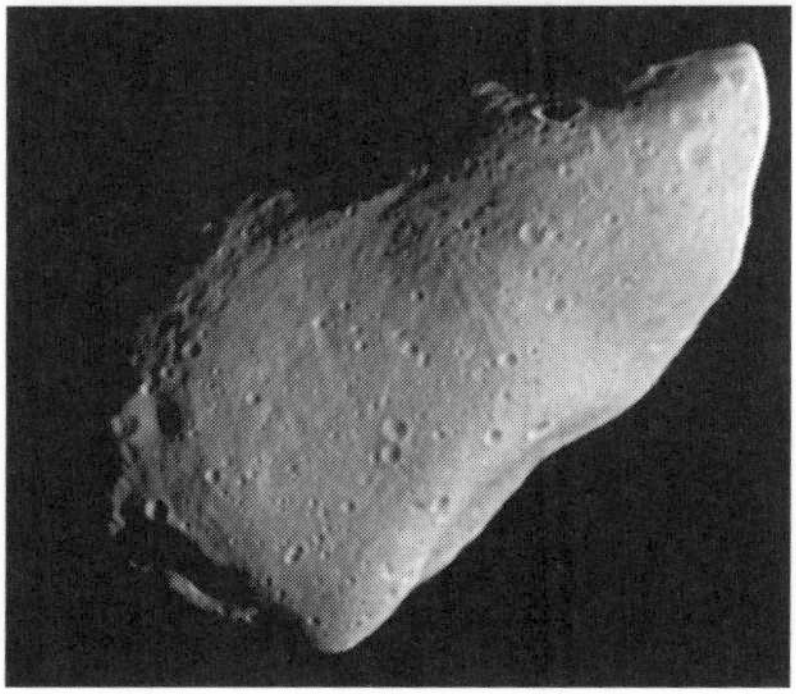

上：小惑星帯の位置図（NASA/Mizusumashi）

左：人類が初観測した小惑星ガスプラ。1916 年に発見され、木星探査機ガリレオによって 1991 年に観測された。（NASA/USGS）

はないのでしょうか？　そして、もしも衝突したらどうなってしまうのでしょう？

じつは小惑星の衝突はよくあること

「地球へ小惑星が衝突する」と聞いたら大惨事を想像してしまいますが、じつは小惑星の衝突自体は珍しいことではないのです。

というのは、一言で小惑星と言ってもそのサイズには大きな幅があるからです。

大きいものの直径は10キロメートルほどにもなりますが、小さいものは1メートル程度です。そして、小さいものの方がずっと数多くあるのです。

直径1メートル程度の小惑星は、10日に一度くらいの頻度で地球へ衝突しています。

ただし、それがそのまま地上まで落下してくるわけではありません。地球は厚い大気で覆《おお》われていますから、小さな小惑星はその中で燃え尽きてしまいます。これが「流れ星」です。

サイズの大きなものは滅多に衝突しませんが、それでもたまには衝突することがあります。

最近の例では、２０１３年にロシアのウラル地方チェリャビンスク州に衝撃波を生んで大被害を起こしたものがあります。このときには直径15メートルほどの小惑星が衝突したと推定されています。

このように、大きな小惑星が衝突するほど

上：2013年に落下した隕石から生じた隕石雲。地上の建物などが破壊された。（©Uragan. TT and licensed for reuse under Creative Commons Licence）
中段：地球に衝突した隕石のかけら（©Alexander Sapozhnikov and licensed for reuse under Creative Commons Licence）
左：隕石のサイズ（©DaneelOlivaw and licensed for reuse under Creative Commons Licence）をもとに作成

被害は大きくなってしまいます。

直径10メートルレベルの小惑星は、数十年に一度の頻度で地球へ衝突してくるようです。

小惑星の衝突は生物を絶滅させる

地球に衝突する小惑星のサイズが大きくなるほど、及ぼす被害は甚大となります。

直径が50メートル以上になると、大気の中で燃え尽きることなく地上へ衝突し、クレーターを作ります。

たとえば、アメリカのアリゾナ州には**「メテオ・クレーター」**という直径1・2キロメートル、深さ170メートルの巨大なクレーターが残っていますが、これはおよそ5万年前に直径50メートル程度の小惑星が衝突して作ったものと考えられています。

直径たった50メートルでも、秒速約12キロメートルという高速で衝突したためにこのようなクレーターを作ることができたのです。

直径50メートルレベルの小惑星は、1000年に一度程度の頻度でしか地球へ衝突しませんが、仮にそのようなことがあれば大惨事を招くことが想像できます。

そして、過去に地球へ衝突した小惑星の中には直径10キロメートルにもなるものがあったと考えられています。

そのようなものが1億年に一度程度の頻度で衝突してきましたが、そのたびに生物の大量絶滅を起こしてきたと考えられています。

メテオ・クレーター。手前左側に道路や施設がある。（©Shane.torgerson）

恐竜の絶滅も小惑星の衝突が原因

よく知られた6550万年前の恐竜の絶滅も、直径10キロメートル程度の小惑星の衝突が原因だったと思われます。

もっとも有力な説によると、小惑星は水深100メートルほどの浅い海に衝突し、その衝撃で海水を吹き飛ばし、海底に直径180キロメートル、深さ30キロメートルほどの巨大クレーターを作りました。

超巨大地震、大津波も同時に発生したと思われます。そして、大量の土砂を上空へ巻き上げたため、地上へ太陽光が届かなくなりました。

そのため地球は急激に寒冷化し、動物の食糧となる植物も光合成ができず激減しました。このようなことが起こり、恐竜を含む多くの生物種が絶滅したのだと考えられています。

小惑星の衝突を予測する

地球に甚大《じんだい》な被害を及ぼすレベルの小惑星の衝突はまれではありますが、いつ起こるか分からないという怖さがあります。

そこで、それを**予測し、回避するための研究**が進められているのです。

２００８年10月7日、直径2～5メートルの小惑星がスーダン上空の大気圏へ突入し、空中で砕け散って地表へ到達しました。じつは、この衝突はあらかじめ予測されていたのです。

アメリカのアリゾナ州にあるスチュワード天文台による観測が、この小惑星をとらえました。それは、地球へ衝突する前日の10月6日のことでした。

小惑星発見は、マサチューセッツ州ケンブリッジにある「小惑星センター」へ報告されます。そして、小惑星センターが軌道計算を行ったところ、21時間以内に地球に衝突することが分かったのです。実際に衝突したのは、発見されてから20時間後でした。

つまり、小惑星の衝突を予測はできましたが、**衝突の20時間前までは予測できなかった**と言うこともできるわけです。しかも、これ

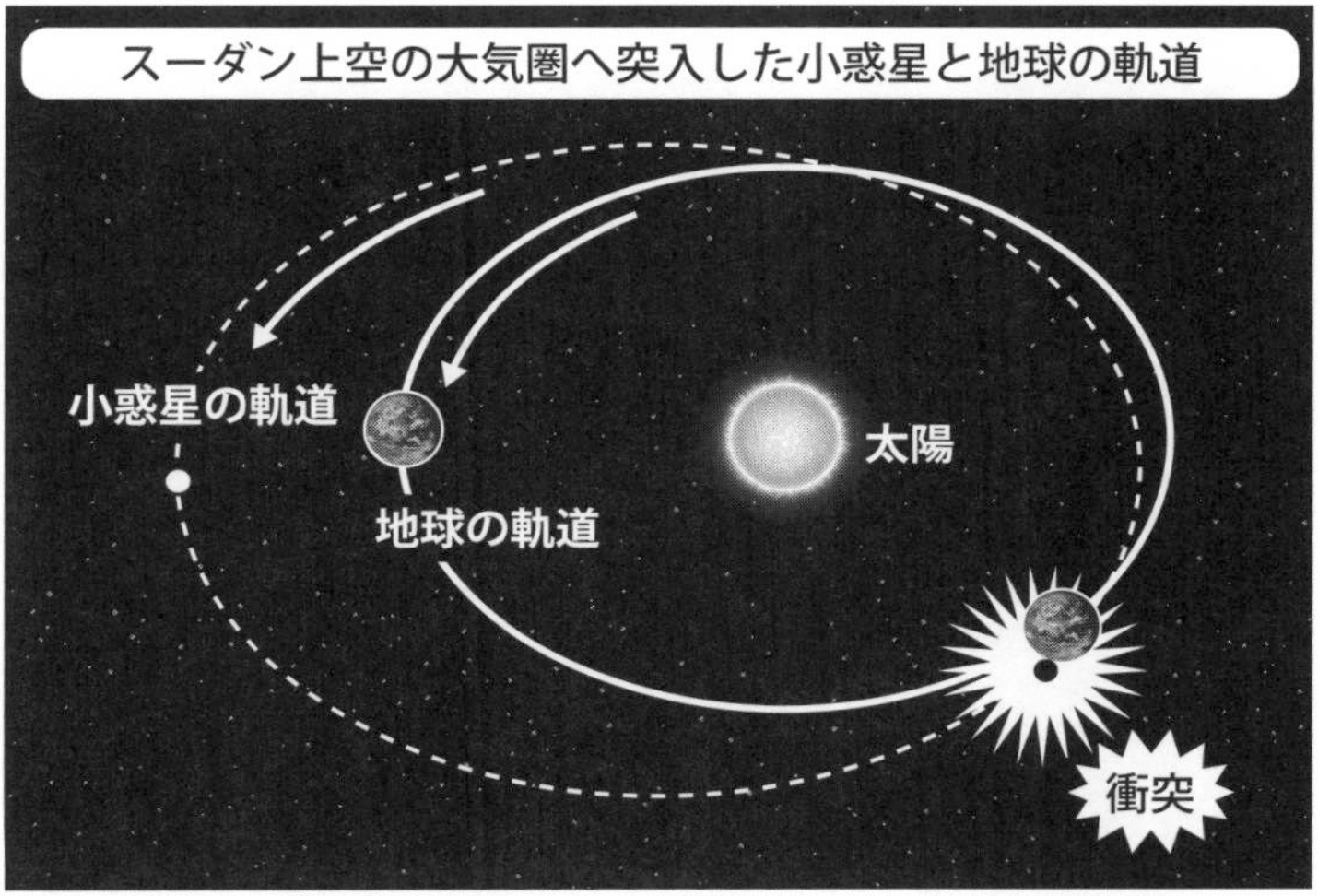

地球の軌道と小惑星の軌道のタイミングが重なったときに衝突が起こった。
（©Phoenix7777 and licensed for reuse under Creative Commons Licence をもとに作製）

が**人類が初めて事前に予測できた小惑星の衝突**だったのです。

短時間では対応も困難ですから、より早く衝突を予測できるようになることが求められています。

小惑星の衝突を回避する方法

さらに、早期に小惑星の衝突を予測できたとしても、何らかの対応をできなければ被害を避けられません。できれば、衝突しないようにしたいところです。

じつは、小惑星の衝突を回避するための方法も研究されています。

小惑星の軌道を変更させる「ダート実験」のイメージ。2021年に小衛星の打ち上げ、2022年に衝突実験が予定されている。（ASA/Johns Hopkins Applied Physics Lab）

現在もっとも有力だと考えられている方法は、宇宙船を小惑星に衝突させることで、小惑星の進む方向を変えてしまうというものです。

地球へぶつからないようにするには、小惑星の軌道を大きく変える必要があります。衝突させる宇宙船が重く、高速で衝突するほど、小惑星の軌道を大きく変えられます。

将来、どのような小惑星衝突の危険があるかは分かりません。それに備え、できるだけ重い宇宙船をできるだけ高速で打ち上げられるロケットの開発が求められるのです。

アメリカは、**小惑星に探査機をぶつけて軌道をずらす実験**を、２０２０年代にも実施予定だそうです。

衝突回避の方法はほかにも考えられていま

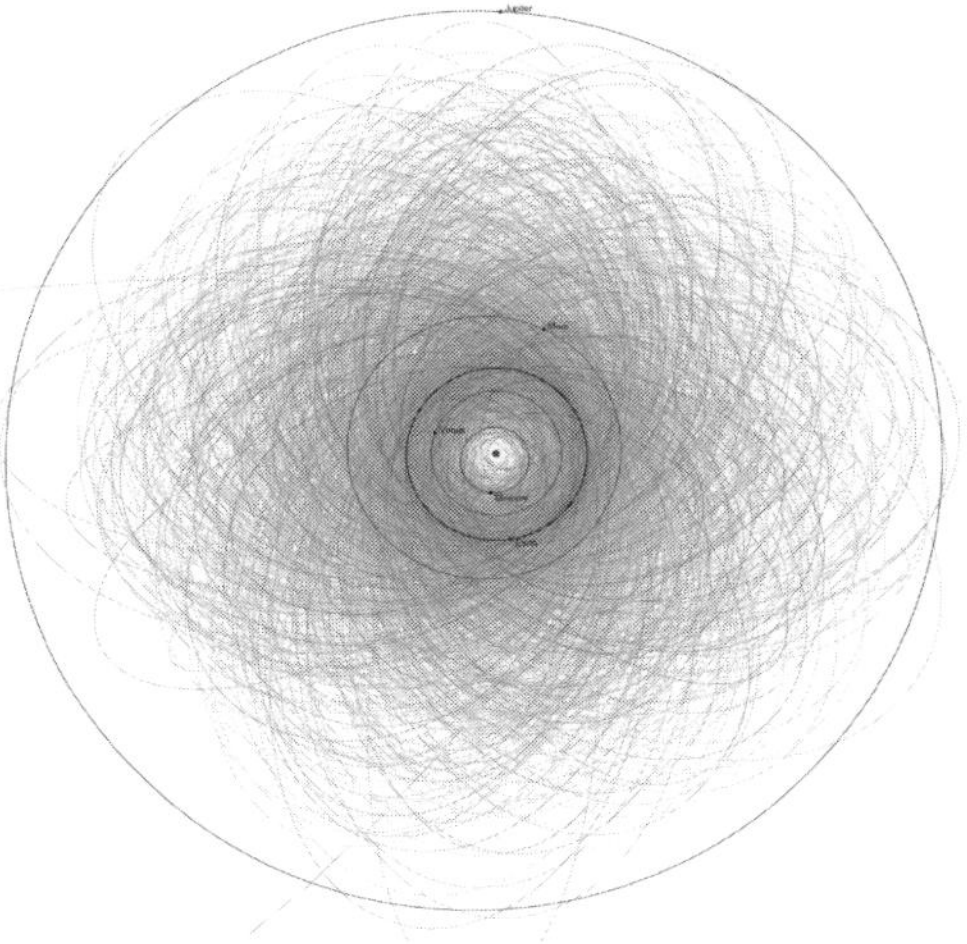

地球にとって「潜在的に危険な小惑星」の軌道をまとめたもの。中心にあるのが太陽で、グレーの線が小惑星の軌道。（2013 年・NASA/JPL-Caltech）

す。**万有引力による牽引**です。

地球への衝突が予想される小惑星が見つかったら、宇宙船をそれと並走させます。すると、小惑星と宇宙船の間には万有引力がはたらきますから、小惑星は宇宙船に引きつけられるようにして少しずつ軌道を変えていくわけです。

ただし、たとえば直径1キロメートルの小惑星の軌道を変えようと思ったら、１０００トンもの重さの宇宙船が必要だと考えられています。しかも、１０００トンの宇宙船を50年ほども並走させないと、衝突を回避するほどに軌道を変えることはできないのです。

予測も回避も困難な小惑星衝突の危険ですが、大惨事を招かないよう世界中で監視、そして衝突回避の研究が進められています。

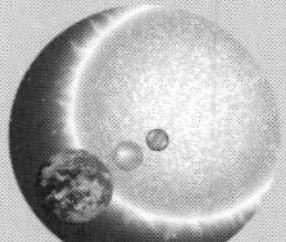

月にも地震がある

月の表面に見られる割れ目は何を意味する？

いままでに人類が降り立った星は、月だけです。月面に初めて着陸したのはアメリカのアポロ11号で、１９６９年のことです。以降、何度か月への着陸が行われましたが、１９７２年のアポロ17号が最後となっています。これ以降は、月を周回しながら観測する探査機が活躍するようになりました。

日本の月探査機かぐやも、その1つです。２００７年に打ち上げられたかぐやは、ハイビジョンカメラを搭載して多くの映像を撮影しました。

たとえば、左の画像は月の表面にある割れ目をとらえたものです。このような割れ目は、クレーターにも見つけられています。

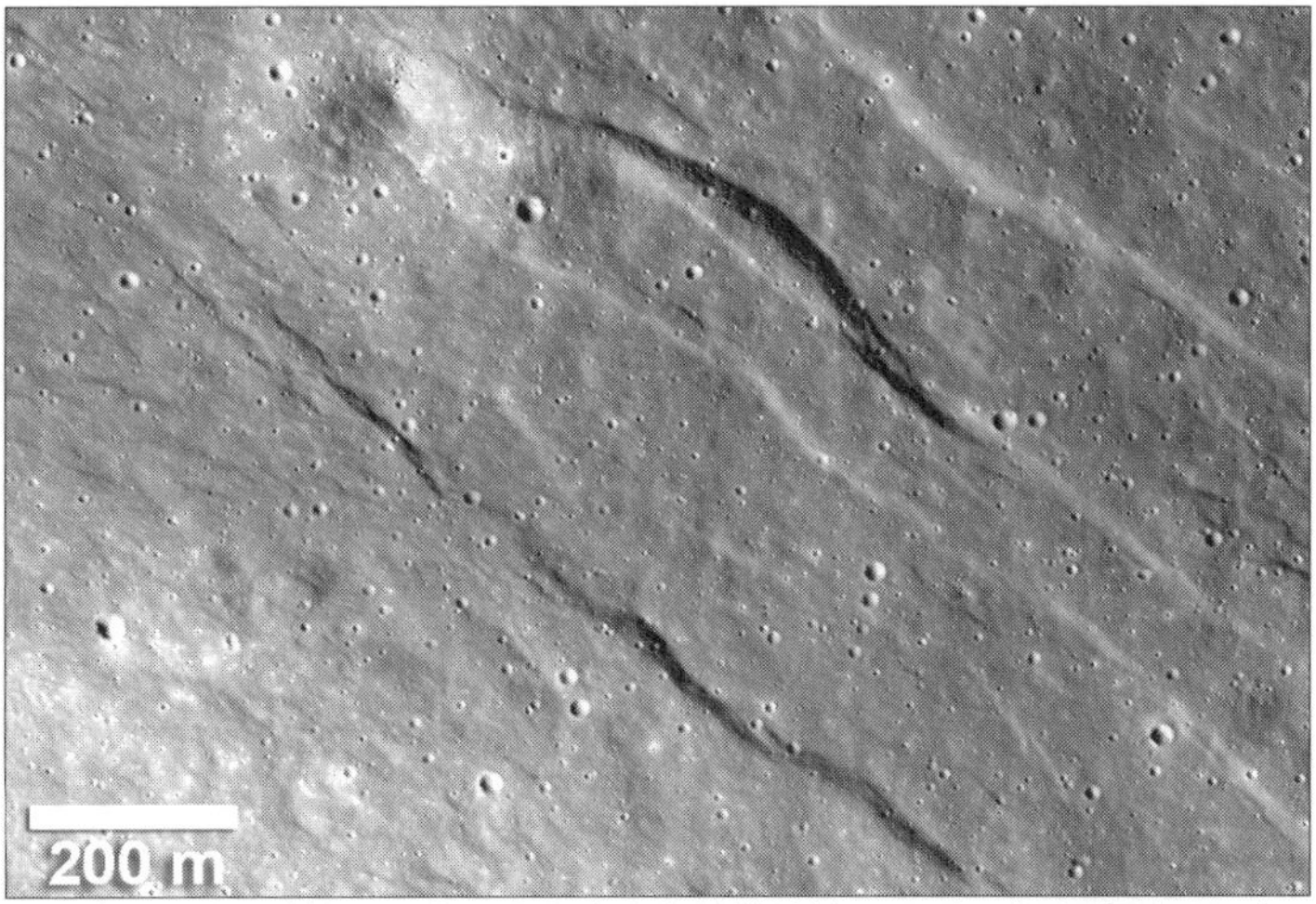

月の表面にある割れ目。もっとも大きな地溝は約 500 メートル、深さ 20 メートルほどある。（NASA/Goddard/Arizona State University/Smithsonian Institution）

かぐやがとらえた詳細な画像によると、割れ目のあるクレーターには隕石の衝突によって生じるクレーターと多くの共通点があるようです。つまり、割れ目のあるクレーターも**隕石の衝突**によって生じたのだろうと推測することができるのです。そして、その後に地下深くのマグマが上昇して噴火したため、割れ目が作られたのだと考えられるようになったのです。

月の地下には巨大な空洞がある

また、75ページの画像は地球から観測すると黒く見える、月の「海」と呼ばれている場所をとらえたものです。

地球から望遠鏡で観測するとのっぺりとして見えるのですが、画像には多数の小クレーター、しわ状の尾根などを見ることができます。

かぐやは、月面へ電波を発射することでも、その様子をとらえてきました。その中で、月の地下に長さ50キロメートルにも及ぶ巨大な空洞があることを発見しました。

地球と違い、月の構成物質にはほとんど水分が含まれていません。そのため、電波を透過しやすく、地下の様子を探りやすいのです。そのことを利用して、地下の様子も知ることができます。

地下に巨大な空洞があることは、その付近の重力が他の部分に比べて弱いことを検出したことで、ほぼ間違いないと考えられています。

巨大な空洞は、将来もし月面基地を建設することになったら、人が入ったり物資を蓄えたりといった形で、有効に利用できるかもしれません。

かぐやは約2年間観測を続け、２００９年に月の表面に衝突してその役割を終えました。

月でも地震が発生する

ところで、アポロ計画では月面に降り立った宇宙飛行士が、合計5ヶ所に地震計を設置しました。そして、7年間にわたって地震観

黒く見える部分が月の海（NASA/GSFC/Arizona State University）

測を行ったのです。

観測から、月でも地震が起こっていることが分かりました。

英語ではこれを「moonquake」と名付けています。地震を英語で「earthquake」と言うのに対する、ちょっとしたシャレです。

月の地震（月震）には、地球の地震とは違う特徴もあります。次のように、いくつかの種類に整理されています。

●深発月震

深さ1000キロメートルほどのところで発生する月震で、もっとも頻繁に観測されています。マグニチュードは1〜2程度なので、それほど激しい月震ではなさそうです。

深発月震は、29・5日周期で起こっています。

これは月が地球のまわりを1周するのにかかる27・3日に近く、地球との間の引力が関係して起こる月震なのではないかと考えられています。

●浅発《せんぱつ》月震

こちらは、深さ300キロメートルほどの比較的浅いところで発生する月震です。深発月震に比べると規模は大きいです（マグニチュードが3〜4に達するものもあります）。

7年間で28回しか観測されていない月震で、仕組みはよく分かっていませんでした。

ところが、最近になって月の月震発生の詳細が分かってきました。月震データの解析によって、震源の位置を正確に特定できるようになったのです。

その結果、28回の浅発月震のうちの8回は、衝上《しょうじょう》断層というところから30キロメートル以内に震源があったことが分かったのです。

衝上断層とは、ある月震が別の地層の上にずり上がることで生まれた断層のことで、そういったところで震動が発生したのです。

このことは、**月面は死んでおらず、活発に活動する状態にある**ことを示していると言えるのです。

●隕石の衝突

これは月の内部から発生する月震ではありませんが、隕石が衝突することで月面が震動します。月震観測の中で、隕石の衝突が原因と考えられる記録がいくつも見つかっています。

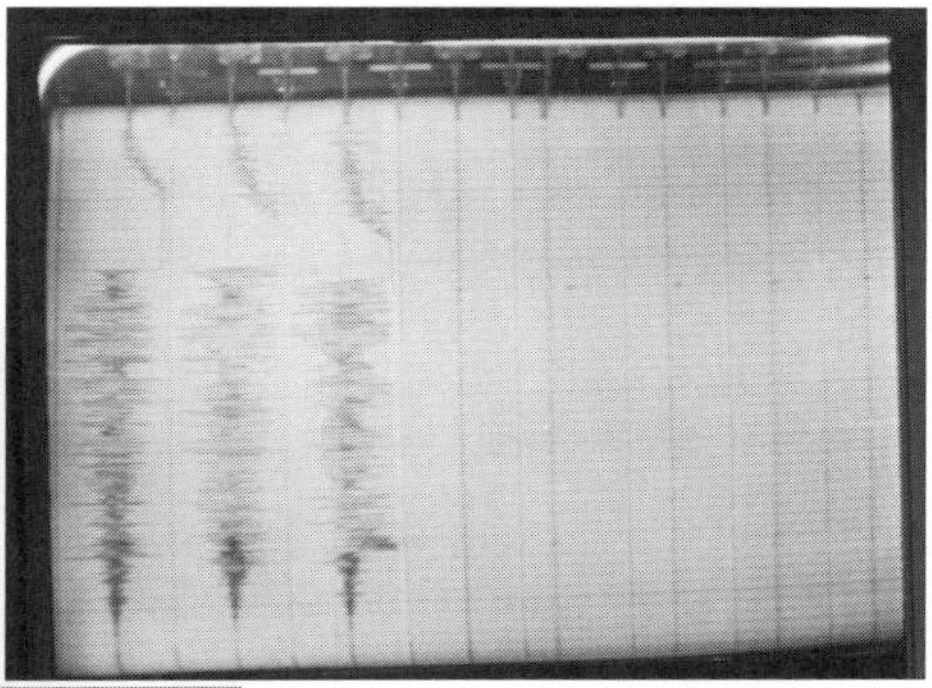

上：アポロ 13 号による月震実験の記録（NASA）
左：アポロ 16 号に搭載された月振動装置キット（NASA）

●熱月震

これも月震と言えるかは微妙ですが、月震計に記録されたものです。

月面上の岩には、昼と夜とで温度差が生じます。温度差によって岩にひび割れが起こるのを、観測したのです。月震としてはきわめて微小なものです。

●人工月震

アポロ計画では、月に人工的に月震を起こしての観測も行われました。たとえば、アポロ13号は不要になったロケットを月面に衝突させて、月に震動を発生させました。

他にも、火薬を使って月震を発生させたこともありました。月では、いろいろな震動が起きているのです。

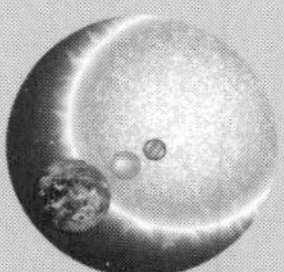

探査機カッシーニが撮影した土星とリングの姿

探査機で太陽系を解明する

太陽系には、地球と同じように太陽のまわりを回っている惑星がいくつもあります。いわば仲間ではありますが、それらの姿はまだまだ未知です。

われわれ人類は、探査機を送りこんで各惑星の姿を探ってきました。そして、地球とは異なるいろいろな特徴を発見することができたのです。

土星にあるのは耳ではなくリングだった

巨大なリングを持つ土星は、太陽系の惑星

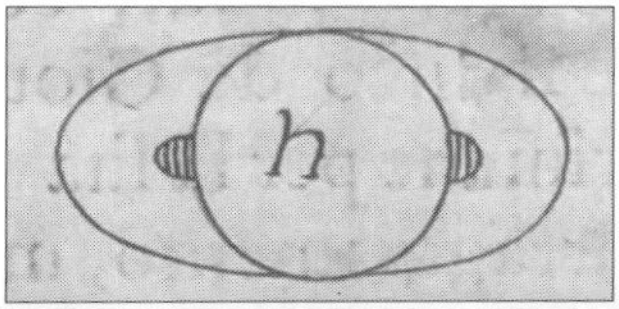

上：ガリレオが描いた土星（Istituto e Museo di Storia della Scienza, Florence/IYA2009）
下：2008 年に撮影された土星（NASA / JPL / Space Science Institute）

の中でも特徴的な存在です。

　およそ４００年前、望遠鏡で土星を観察したガリレオは**「土星には耳がある」**と言いました。これが、土星のリングの最初の発見だと言われています。

　望遠鏡の発達によって土星には「耳」ではなく**「リング」**があるのだと分かりました。そして、20世紀後半には土星探査機を送り出して、その姿を詳細に観測することができたのです。

　まずは、土星探査機がとらえた土星と、それを取り巻くリングの姿を紹介します。

　ＮＡＳＡ（アメリカ航空宇宙局）とＥＳＡ（ヨーロッパ宇宙機関）によって開発された**土星探査機「カッシーニ」**は、われわれ人類に土星について未知であったことをたくさん教えてくれました。

カッシーニと土星の輪のイメージ（NASA/JPL-Caltech）

巨大なリングの正体は氷の粒

カッシーニは1997年に打ち上げられ、2004年に土星へたどり着きました。その後、燃料が尽きた2017年までの13年間にわたって、土星と土星のリングを撮影し、地球へ画像を送ってきました。

土星のリングの幅は、およそ**20万キロメートル**にも及びます。その主な構成要素は、**氷の粒**です。

カッシーニは、氷の粒の大きさを明らかにしました。氷の粒は、小さいものは数マイクロメートル（1マイクロメートルは、1000分の1センチメートル）、大きいものは10メー

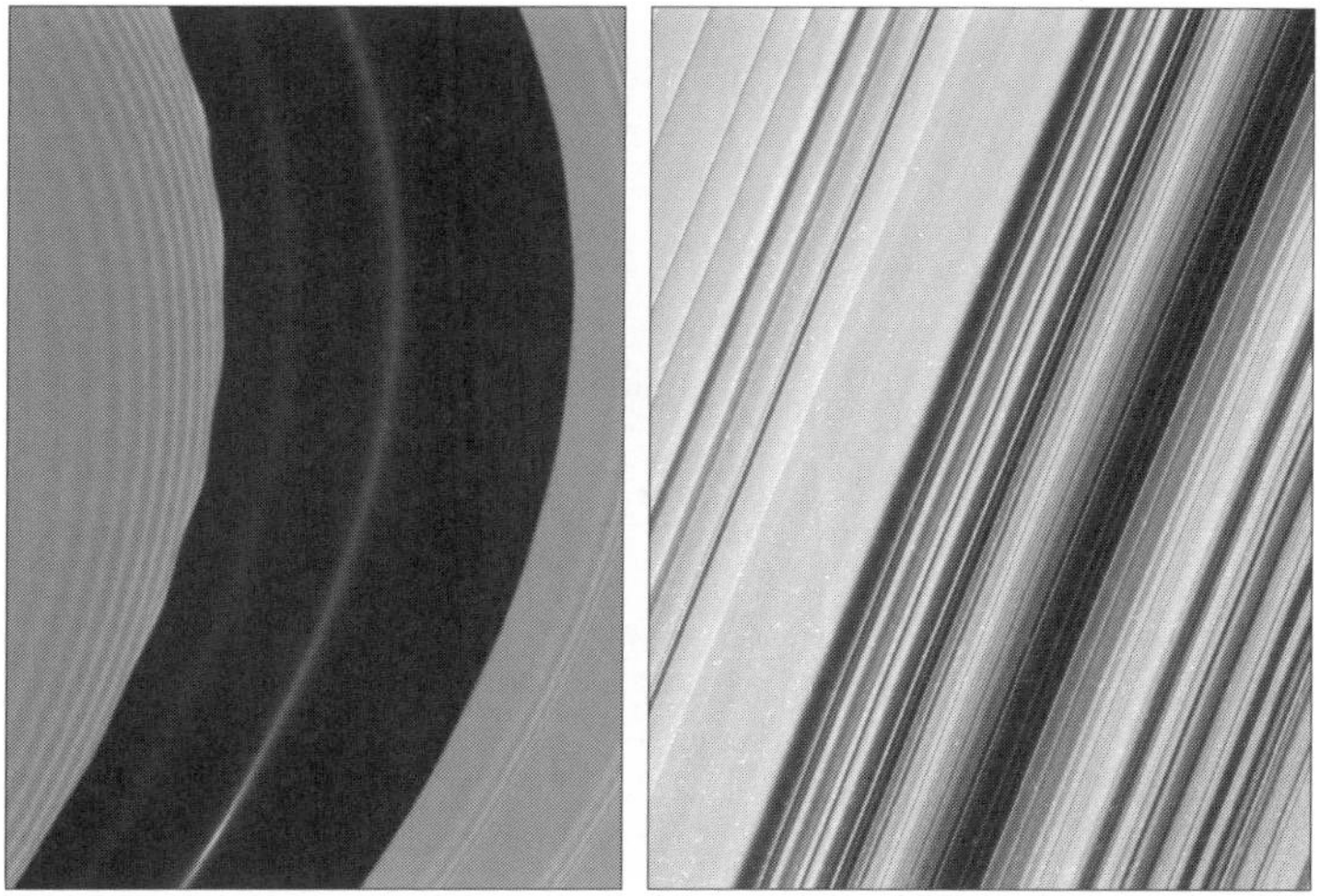

右：土星のリングの多層構造（NASA/JPL-Caltech/Space Science Institute）
左：波打つへり（NASA/JPL-Caltech/SSI/Hampton University）

トルほどといろいろな大きさのものが混ざっていたのです。

そして、20万キロメートルもの幅があるリングは**いくつかの層に分かれています**。層ごとに氷の粒子の大きさや密度が違い、土星のまわりを回る速さも違います。

従来の観測では、リングの層は9つあると思われていました。しかし、カッシーニの探査によって**30以上の層がある**ことが分かったのです。

さらに、この層と層の間に閉じ込められるようにして土星のまわりを回っている**衛星**も見つかりました。そして、この衛星の近くでは**リングのへりが波打った形になっている**ことも分かりました。これは、衛星とリングの粒との間の万有引力の影響だろうと考えられ

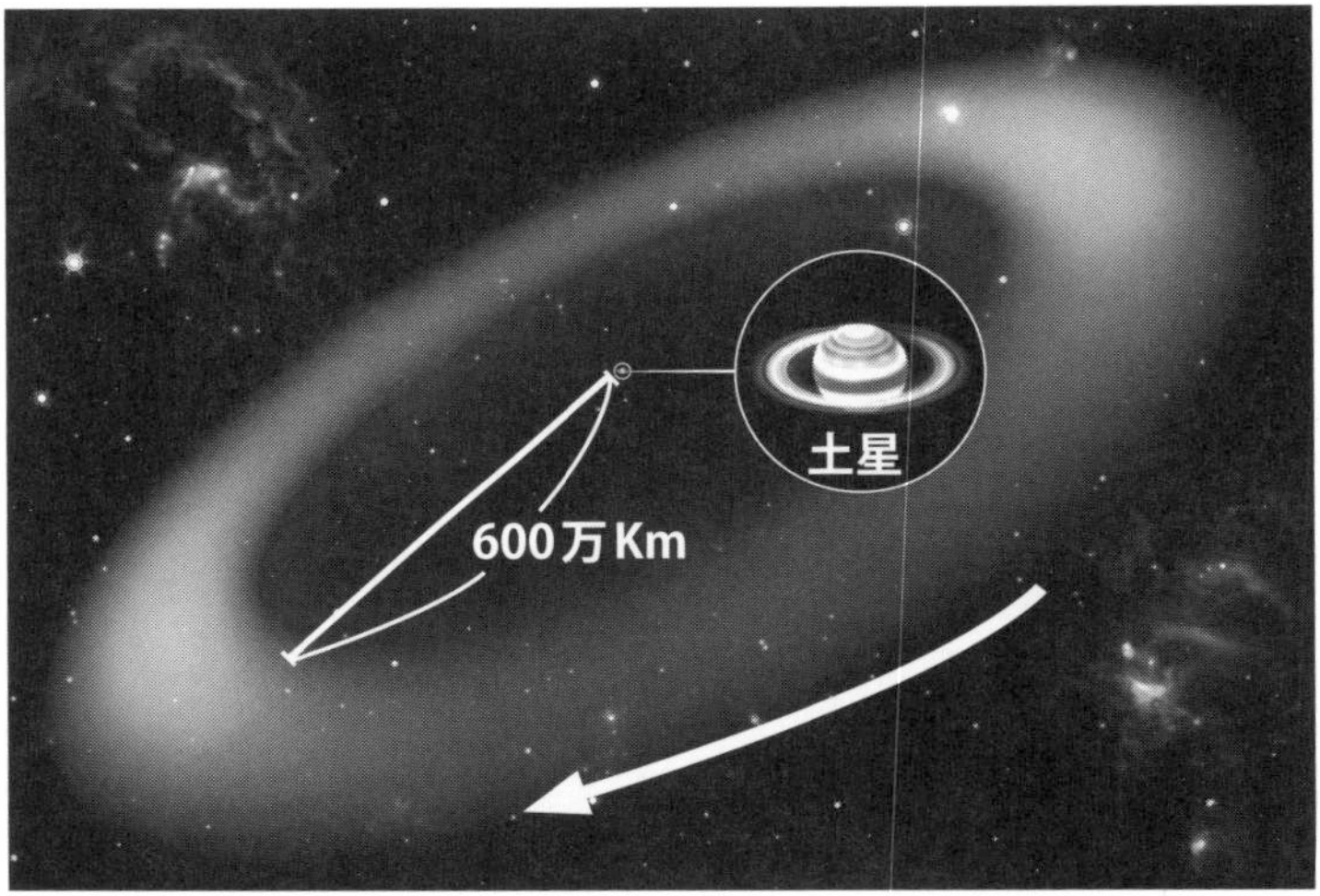

土星から少し離れた位置にあるリングのイメージ（画像：NASA/JPL-Caltech/Keckをもとに作成）

ています。

このようなリングが土星のまわりを取り巻いているわけですが、さらに**土星から600万キロメートルも離れたところにもリングがある**ことが分かりました。非常に巨大で、傾いたリングです。**回転方向も他のリングと逆向き**という特徴があります。

以上のように、カッシーニの探査によって土星のリングの姿が詳細に分かってきました。

土星の表面にある六角形の渦

さらに、カッシーニは土星本体の探査も行いました。

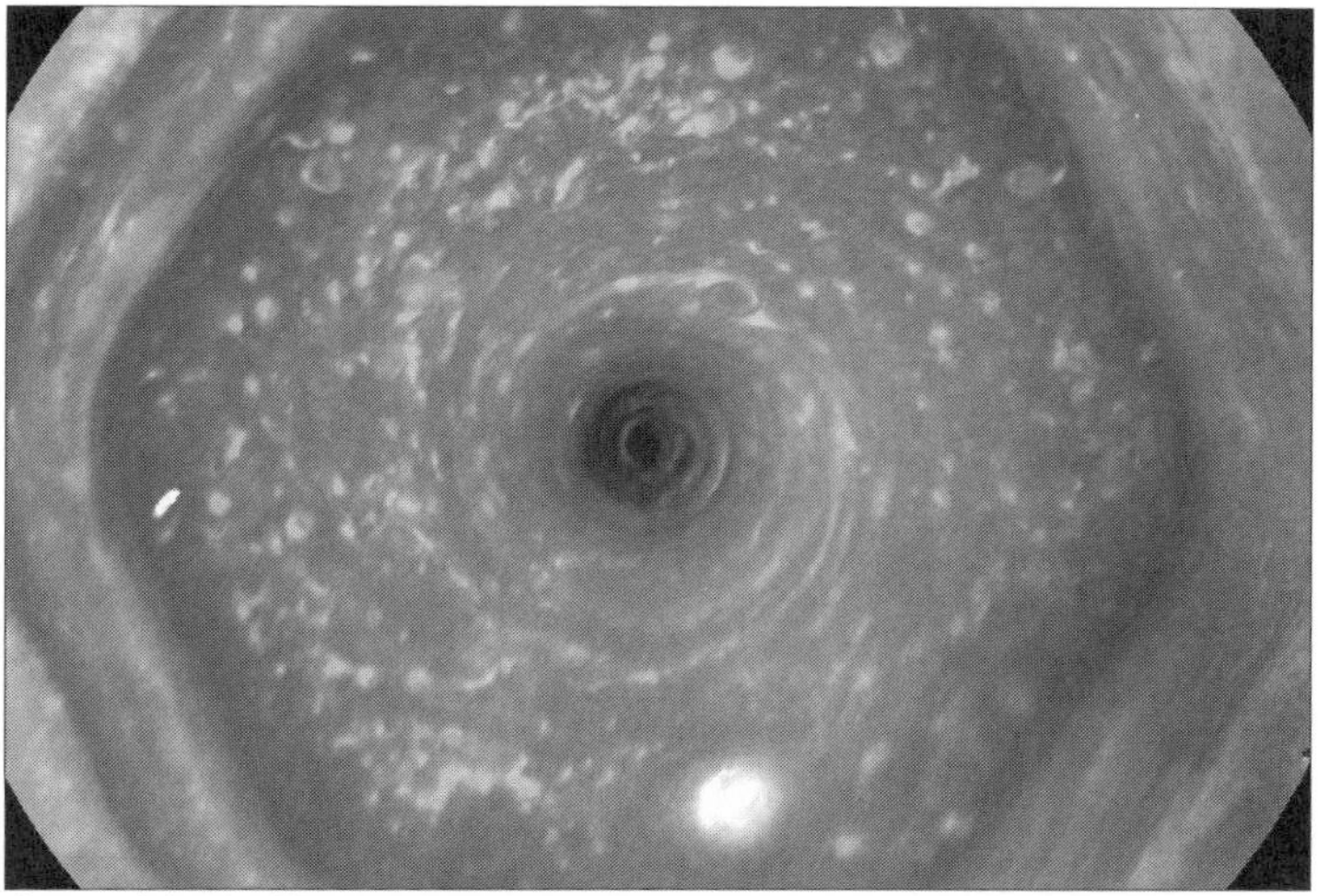

土星の六角形の渦（NASA/JPL-Caltech/SSI/Hampton University）

上の画像は、土星を北半球側から撮影したものです。ここに、特徴的な**六角形の渦《うず》**が写っています。

六角形の渦の縁では、秒速１００メートルほどのジェット気流が吹き荒れているそうです。

さらに、カッシーニは土星を一周するほどの巨大な嵐も観測しました。土星一周は約30万キロメートルですから、いかに巨大かが分かります。その中では、１秒間に10回もの雷が鳴り響いているそうです。

土星は巨大なガスのかたまりですが、表層のほとんどは水素やヘリウムといった軽い気体であることも分かりました。

そこには雲も存在し、これは結晶化したアンモニアで覆《おお》われた氷であると考えられてい

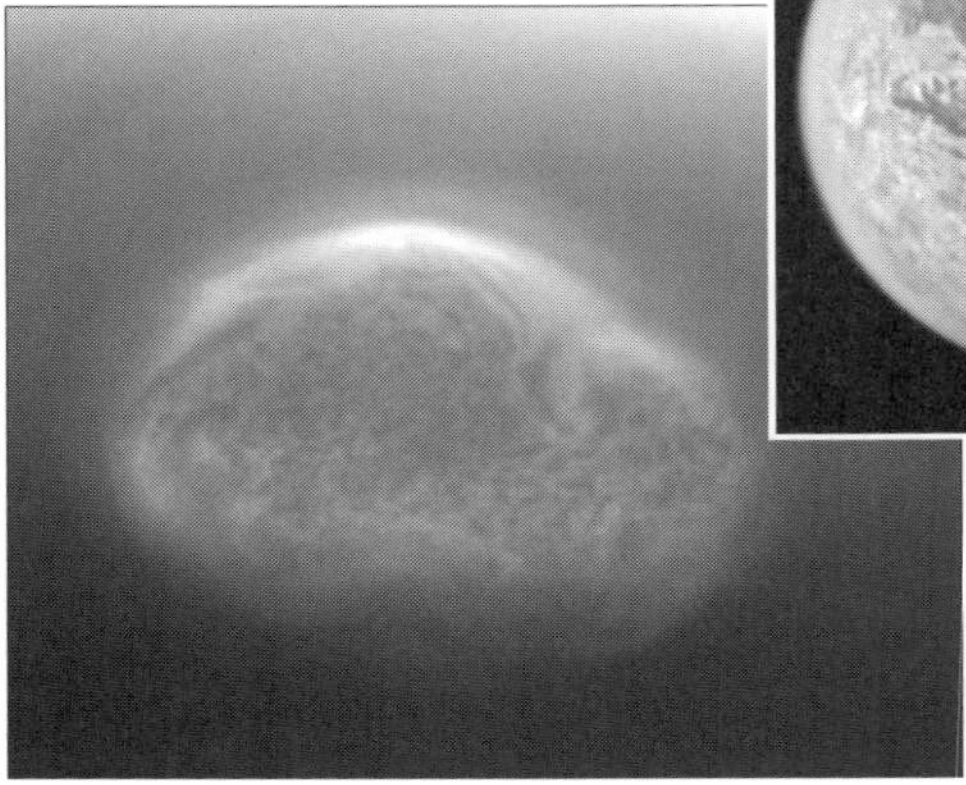

上：カッシーニがとらえたタイタンの姿（NASA/JPL/Space Science Institute）
左：タイタンの南極上空の大気（Cassini Imaging Team, ISS, JPL, ESA, NASA）

ます。

アンモニアは地球上では気体になっていますが、太陽から遠く離れた低温の土星では氷になっているのです。

カッシーニは、土星の衛星も探査しました。土星には**80個以上の衛星**があります。その中で最大の**衛星タイタン**へ、カッシーニは**探査機ホイヘンス**をパラシュートを使って投下しました。これは、もっとも遠くの天体へ着陸した記録でもあります。

タイタンには、衛星にしては珍しく**厚い大気**があります。成分はおもに窒素で、地球の1・5倍ほどの気圧があります。少なくとも太陽系には、これほど大気がある衛星は存在しないと考えられています。また、原始の地球環境に似ていることからも、以前から注目を

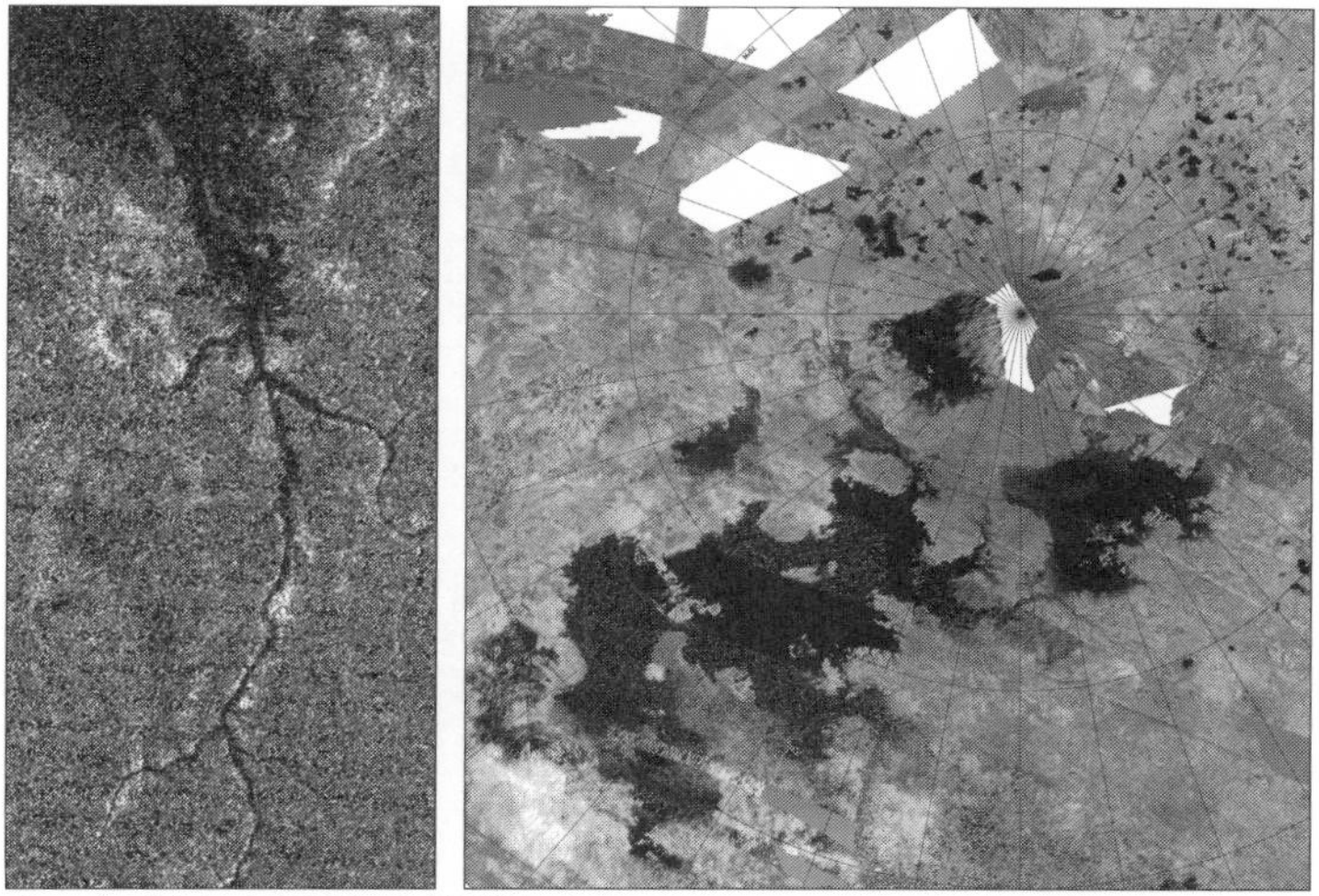

右：タイタンの表面にある「湖」(NASA / JPL-Caltech / Agenzia Spaziale Italiana / USGS)
左：タイタンの地表 (NASA/JPL-Caltech/ASI)

集めていました。

衛星タイタンの表面には液体の水がある？

上の画像は、ホイヘンスがとらえたタイタンの地表の様子です。

タイタンの地表には、地球のような**川**があることが分かります。また、**湖のようなところ**もあります。

これらには、**液体のメタン**があると考えられています。地球上ではメタンは気体として存在することがほとんどですが、気温の低いタイタンでは液体になっているのです。

タイタンには表面に液体が存在することが

分かりました。太陽系の中では、地球とタイタン以外にそのような天体はないと考えられています。

カッシーニはさらに、表面が氷で覆われた**衛星エンケラドス**も観測しました。そして、何ヶ所もの氷の隙間から水蒸気などのジェットが噴き出しているのを発見しました（190ページ参照）。

ジェットの成分を分析したところ、ナトリウムやカリウムといった塩分が含まれていることが分かりました。

水に塩分が溶けていると、凍りにくくなります。そのことから、エンケラドスの表面の氷の下には**液体の水が存在するのではないか**と考えられているのです。

さらに、ジェットには水素ガスや、高温の環境でしか作られないナノシリカという鉱物も含まれていることが分かりました。

これらの発見から、エンケラドスの海底では生命の誕生に深い関係があるとされる「熱水反応」が起こっているのではないかとも考えられるようになってきたのです。

カッシーニによる土星探査は、地球外生命体の可能性に迫るほどの豊富な成果をあげたことが分かりますね。

惑星エンケラドスには液体の水がある？

２０１７年に燃料が尽きたカッシーニは、土星へと突入しました。燃料が尽きれば地球

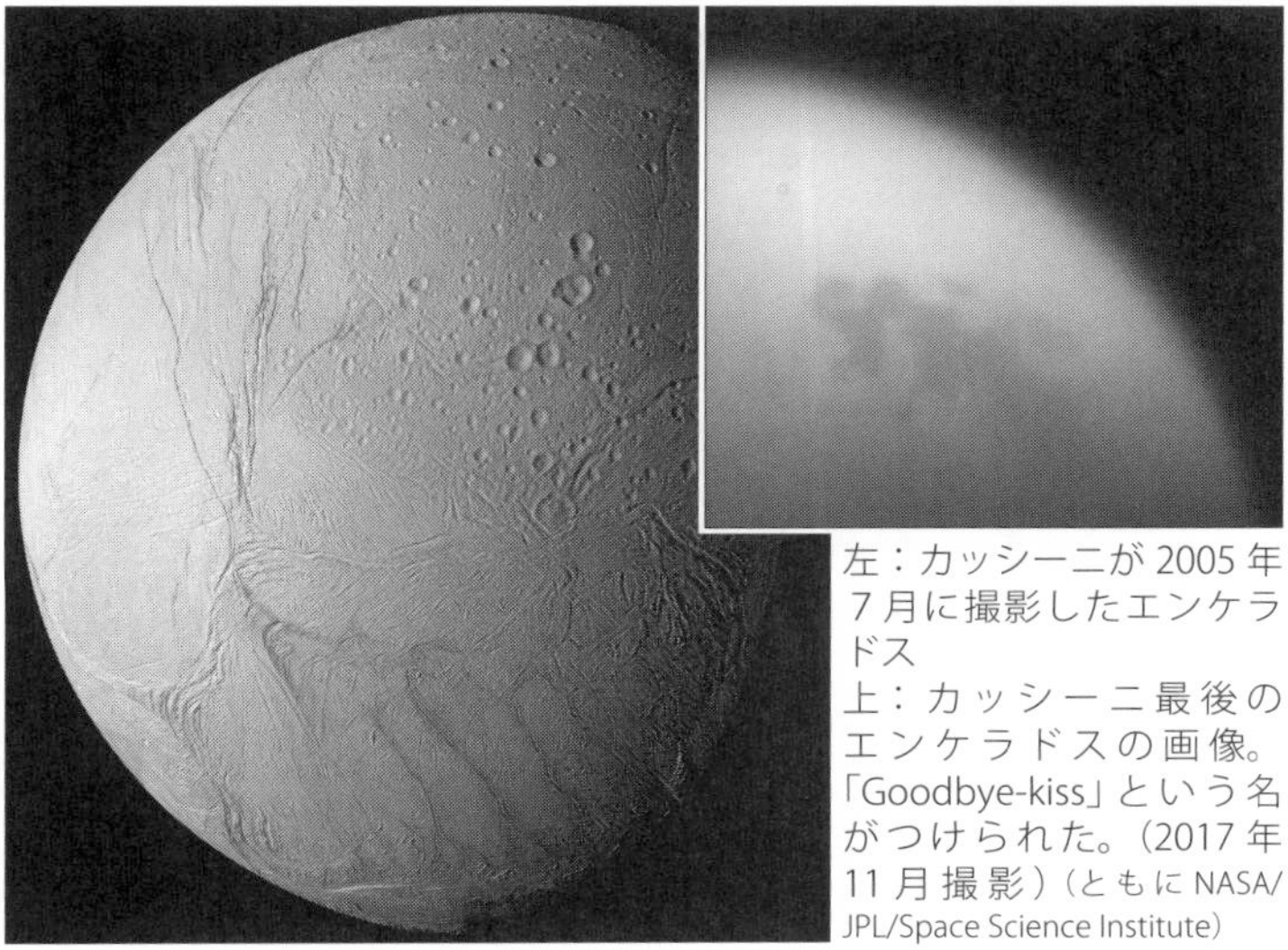

左：カッシーニが2005年7月に撮影したエンケラドス
上：カッシーニ最後のエンケラドスの画像。「Goodbye-kiss」という名がつけられた。（2017年11月撮影）（ともにNASA/JPL/Space Science Institute）

と通信できなくなるからです。

「宇宙空間にあるなら別に邪魔にならないから、放置してもいいのでは？」と思うかもしれません。しかし、それだと生命が存在するかもしれないタイタンやエンケラドスに衝突してしまう可能性があります。

その場合、カッシーニに地球の微生物が付着していて、それがタイタンやエンケラドスに移り住んでしまう危険もあるのです。これでは、もしも将来タイタンやエンケラドスに生命体が見つかっても、それが地球由来の可能性を否定できなくなってしまいます。

このような理由から、カッシーニは土星の大気に突入しました。そして、強烈な熱にさらされて燃え尽きました。最後は「流れ星」になったのですね。

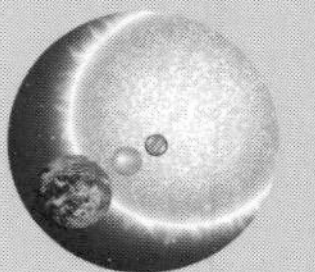

探査機ジュノーによって分かった木星の姿

太陽系最大の惑星・木星

ＮＡＳＡ（アメリカ航空宇宙局）の**木星探査機ジュノー**は、２０１１年に打ち上げられ、２０１６年に木星周回軌道に入りました。それ以来、木星の観測を続けています。

観測の結果から、知られていなかった木星の姿が次々と明らかになっています。

最初に木星を周回して観測したのは、２００３年まで運用されていたＮＡＳＡの探査機ガリレオです。ジュノーは２機目ということになりますが、原子力電池を使わずにこれほど遠くまで到達した初めての探査機でもあります。

ジュノーは、太陽光発電で得たエネルギーで、木星まで達したのです。

木星と探査機ジュノー（ジュノーはイメージ）（NASA/JPL-Caltech）

ジュノーが伝える大赤斑の変化

上の画像は、ジュノーがとらえた木星の様子です。木星は土星と同じくガス惑星で、水素やヘリウムが表面を覆っています。それらは、激しく動いています。画像に見られるマーブル模様は、大気の激しい活動の様子を表したものです。

木星には、**大赤斑**《だいせきはん》という〝名所〟と言えるところがあります。大赤斑は、高気圧性で反時計回りの巨大な渦です。

じつは、大赤斑は１６６５年に発見され、１８３０年代以降は断続的に観測が続けられています。観測から、大赤斑が**徐々に小さく**

右上から 1995、2009、2014 年に撮影された木星の大赤斑（NASA, ESA, and A. Simon (Goddard Space Flight Center);Acknowledgment: C. Go, H. Hammel (Space Science Institute, Boulder, and AURA), and R. Beebe (New Mexico State University)）

なっていることが分かっていました。

ジュノーの観測によって、大赤斑の詳細な様子が分かるとともに、現在の大きさがおよそ1万6000キロメートル（地球の1・3倍ほど）であることも分かったのです。

ジュノーはこれ以外にも、低気圧性の渦の詳細を観測したり、南極付近に低気圧性の渦がいくつも集まっている様子をとらえたりもしています。

さらに、ジュノーは木星内部から出てくる電波をとらえられます。それによって、表面から内部へ進むにつれて温度が変わっているかも調べることができます。その結果、たとえば赤道付近の雲の下には、深部から続くアンモニア濃度の高い領域が存在することなど、内部の様子も明らかになりつつあります。

上：木星の嵐（NASA/JPL-Caltech/SwRI/MSSS）
下：木星の南極のサイクロン（NASA/JPL-Caltech/SwRI/ASI/INAF/JIRAM）

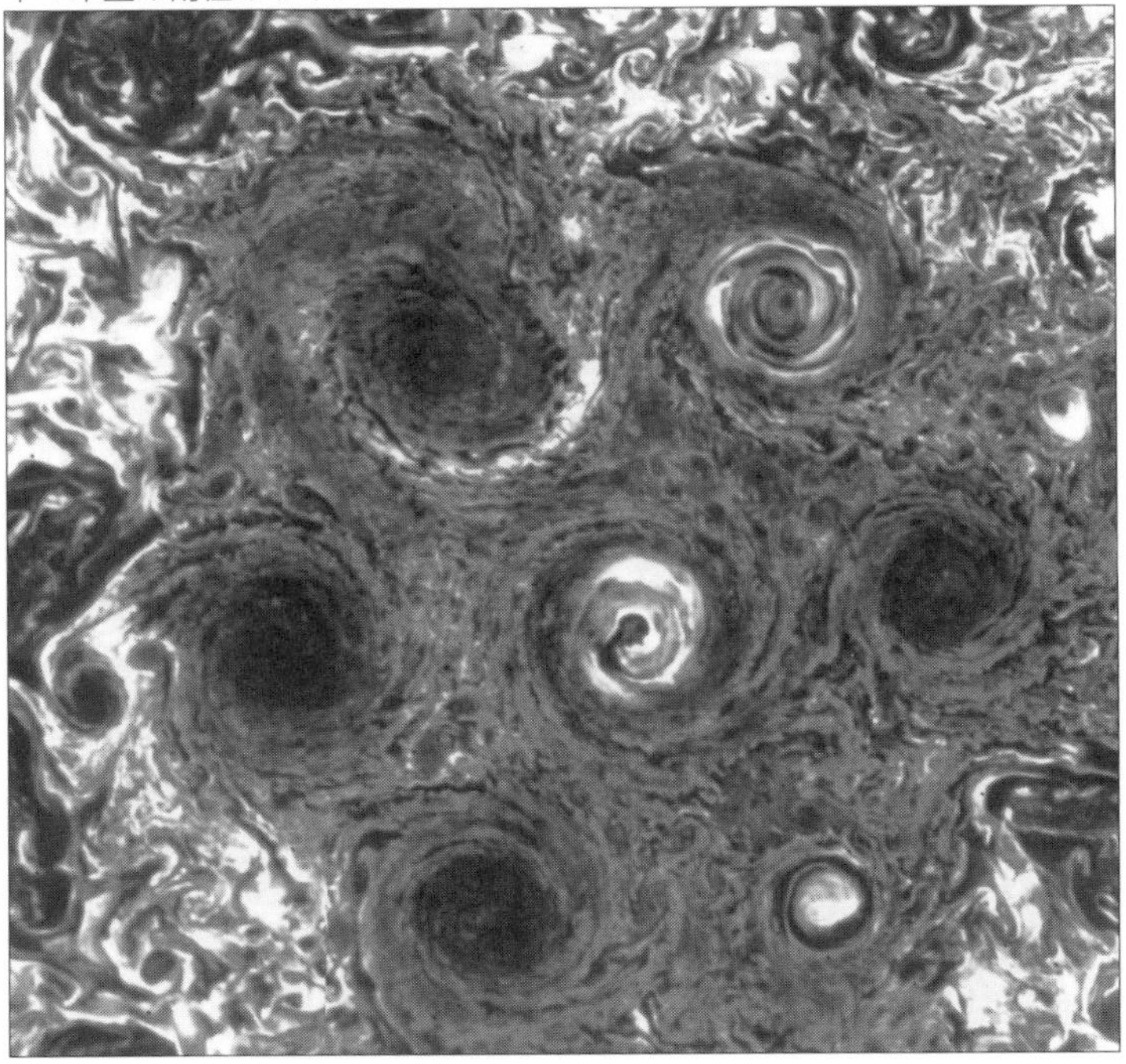

探査車キュリオシティが走る火星の姿

火星の過去に迫るキュリオシティ

地球にとっては隣の惑星でもある火星は、過去に生命が存在した可能性がもっとも高い天体です（186ページ参照）。

いくつもの探査機や探査車が送られて、詳細な観測が行われてきました。ここでは、それらによって撮影された画像を紹介しながら、どのようなことが読み取れるかを説明していきます。

まずは、NASA（アメリカ航空宇宙局）の**探査車キュリオシティ**が撮影したものです。キュリオシティは、2012年から火星の上を走行しながら観測を続け、2017年には走行距離が16キロメートルを超えました。

左下の画像は、火星の表面で見つかったひ

左：火星を走行するキュリオシティ。長さ約３メートル、総重量は約900キログラム。
（NASA/JPL-Caltech/Malin Space Science Systems）
下：火星地表で発見された乾燥ひび
（NASA/JPL-Caltech/MSSS）

び割れのような地形です。

これは、かつて湖の底にたまった泥が固まってできたものと考えられています。湖が干上がったときに乾燥してひびができたのです。

このような地形が観測されたことは、かつて火星に水が存在したひとつの証拠と言えるのです。

水の存在を明らかにしたマーズ・エクスプレス

続いては、ESA（ヨーロッパ宇宙機関）の**火星探査機マーズ・エクスプレス**が撮影した画像を紹介します。

2003年に打ち上げられ、同年に火星に到達して以来観測を続けています。

左上の画像は、火星表面のクレーターです。周囲に隕石の衝突時に飛び散ったものが見られます。

隕石衝突の威力を考えれば、噴出物はもっと遠くまで飛び散りそうです。しかし、隕石衝突時に**地下の氷が蒸発して水蒸気が発生する**影響で、噴出物はそれほど遠くまで飛ばず周囲に堆積したと考えられます。

つまり、この画像から**水の存在**を知ることができるのです。

このことは、小さなクレーターの画像を比較すると理解できます。小さなクレーターの周囲には噴出物が堆積していないのです。

それは、隕石衝突の衝撃が弱かったため地下の氷まで達せず、水蒸気が発生しなかった

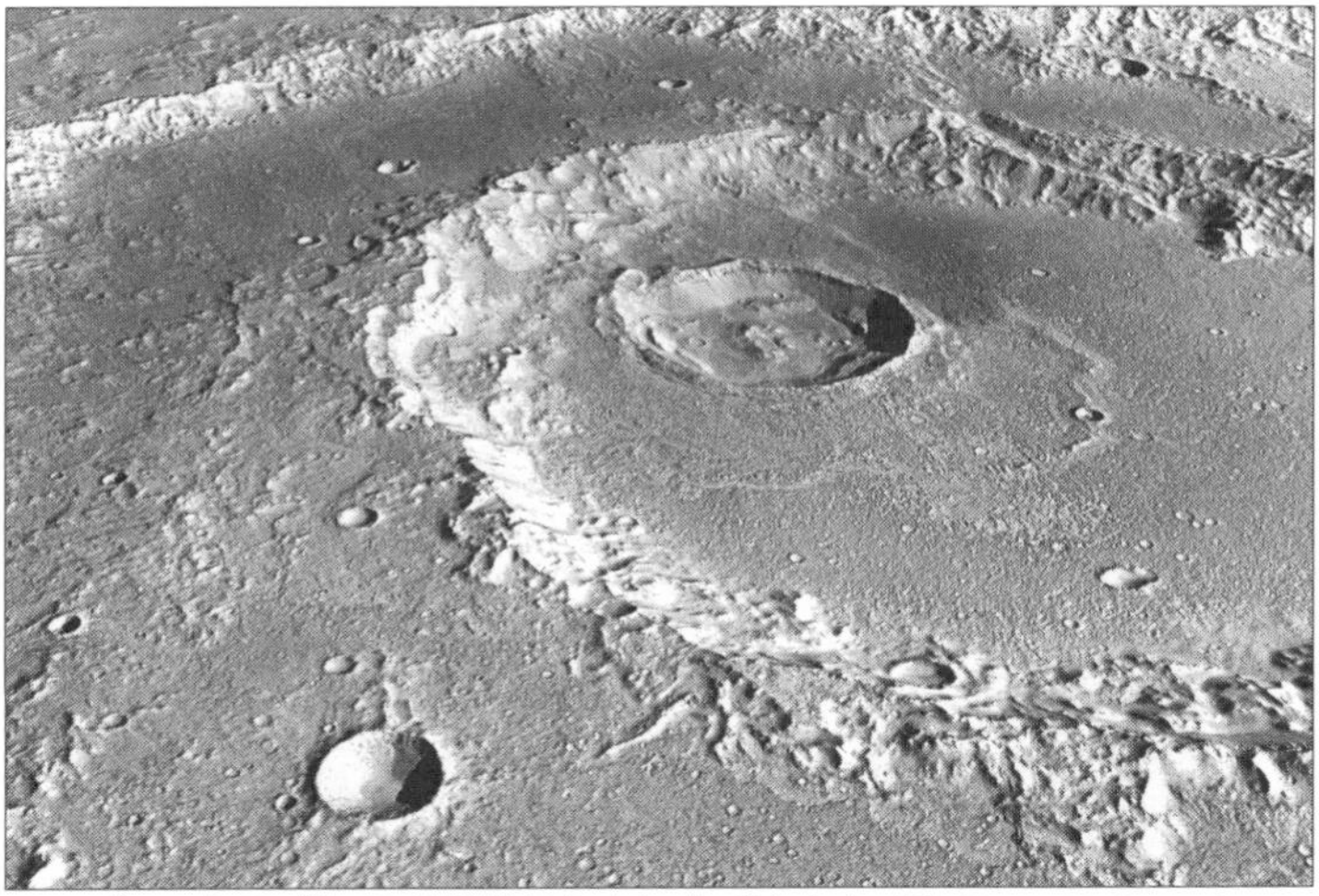

マーズ・エクスプレスの画像をもとに作成されたCG（European Space Agency and licensed for reuse under Creative Commons Licence）

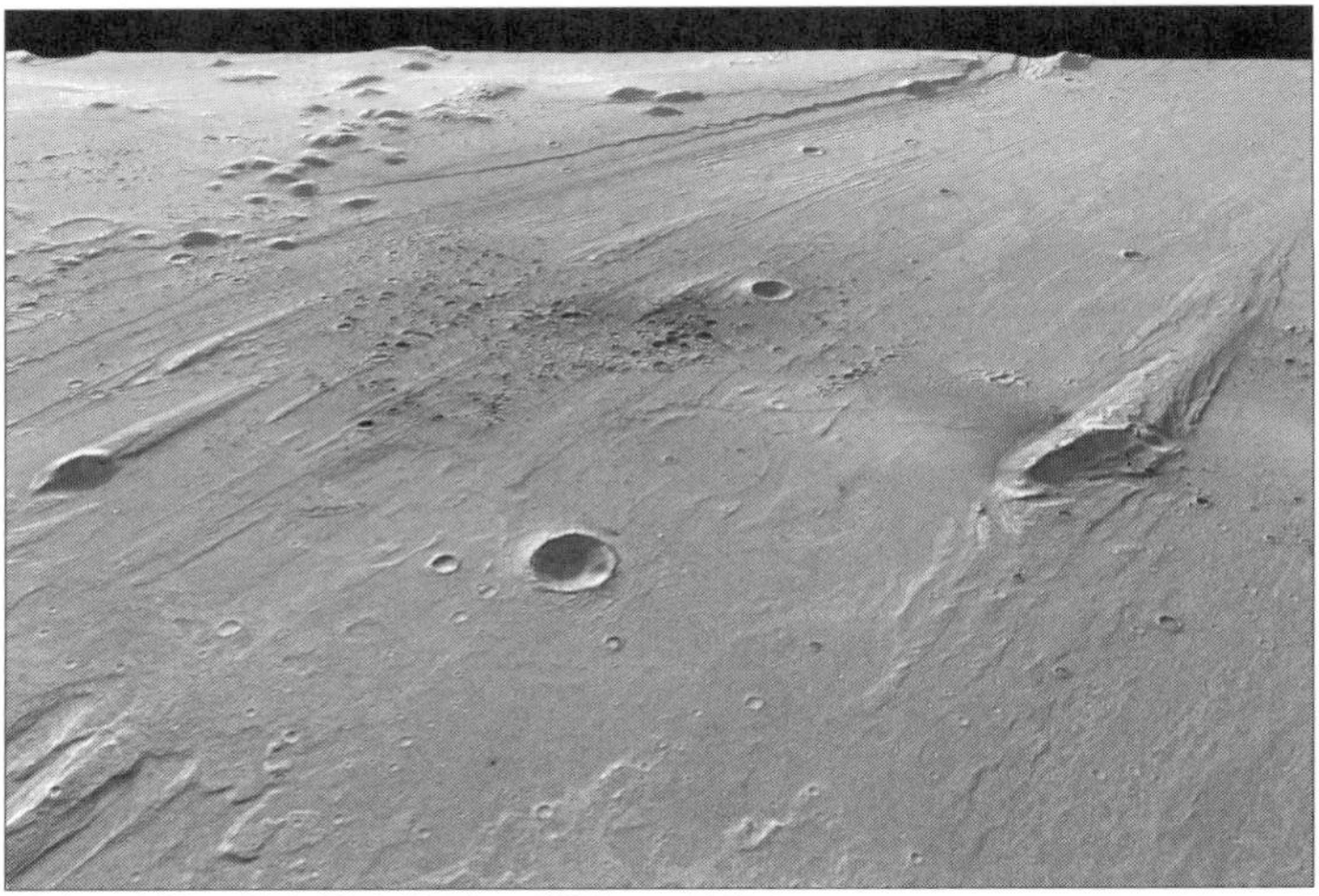

過去の水流の跡を残す「アレス渓谷」の地表（European Space Agency and licensed for reuse under Creative Commons Licence）

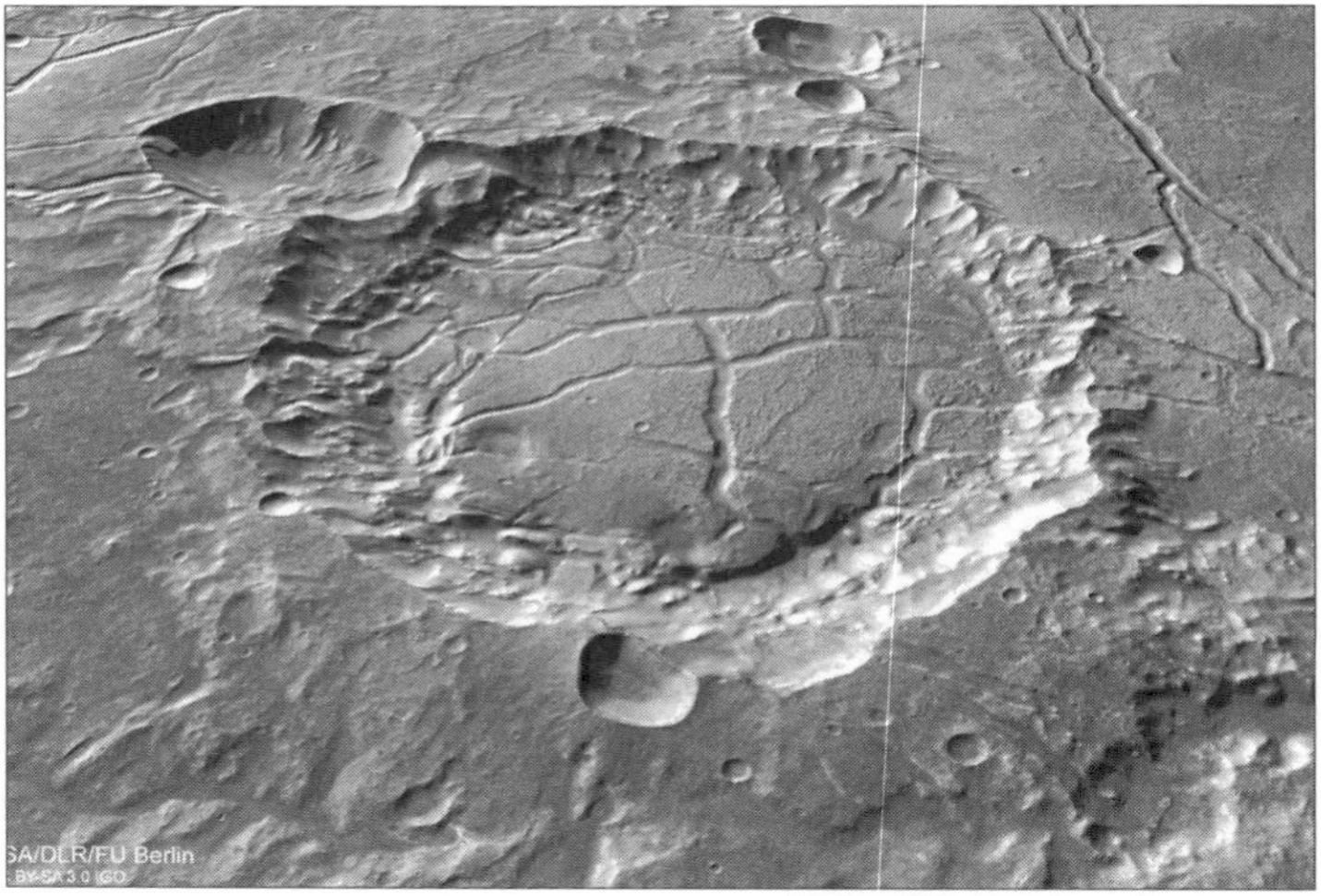

一部形の崩れたクレーター（ESA）

からなのです。水蒸気がなければ、噴出物はずっと遠くまで飛んでいくのです。

上のクレーターの画像では、クレーターの一部が大きく欠けています。これは、かつて流れていた大量の水によって浸食された後と考えられます。

さらに、マーズ・エクスプレスは火星で吹く風の様子もとらえています。

左上の画像では、同じ方向に刻まれた何本もの筋を見ることができます。これは、一定方向に吹き続ける風によって削られてできた地形だと考えられます。

火星の大気圧は地球の200分の1程度と、わずかです。しかし、大気には塵が大量に含まれていて、風速も大きいので、風の威力はすさまじいようです。火星で吹く風には、大

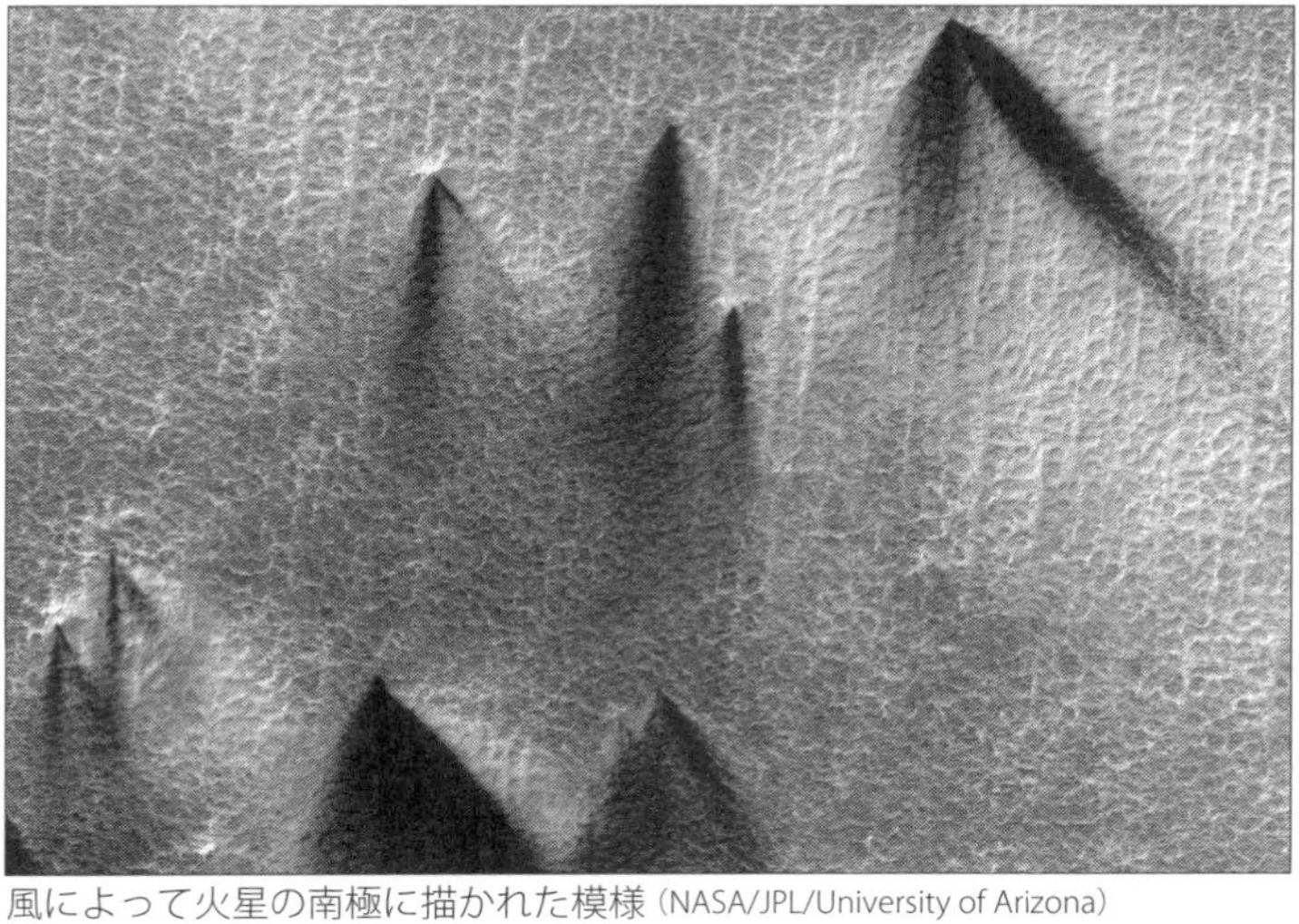
風によって火星の南極に描かれた模様（NASA/JPL/University of Arizona）

地を浸食する力があることが分かります。

マーズ・リコネサンス・オービターが撮影した画像

もう1つ、NASAの**火星周回衛星マーズ・リコネサンス・オービター**が撮影した画像も紹介します。2006年以来、火星の観測を行っています。

次のページの画像は、火星の表面を駆け抜ける竜巻の様子をとらえたものです。

先ほど説明したように火星で吹く風は速く、秒速30メートルにもなります。そのため、竜巻ができやすいのです。

99ページ上の画像は、クレーターに年輪の

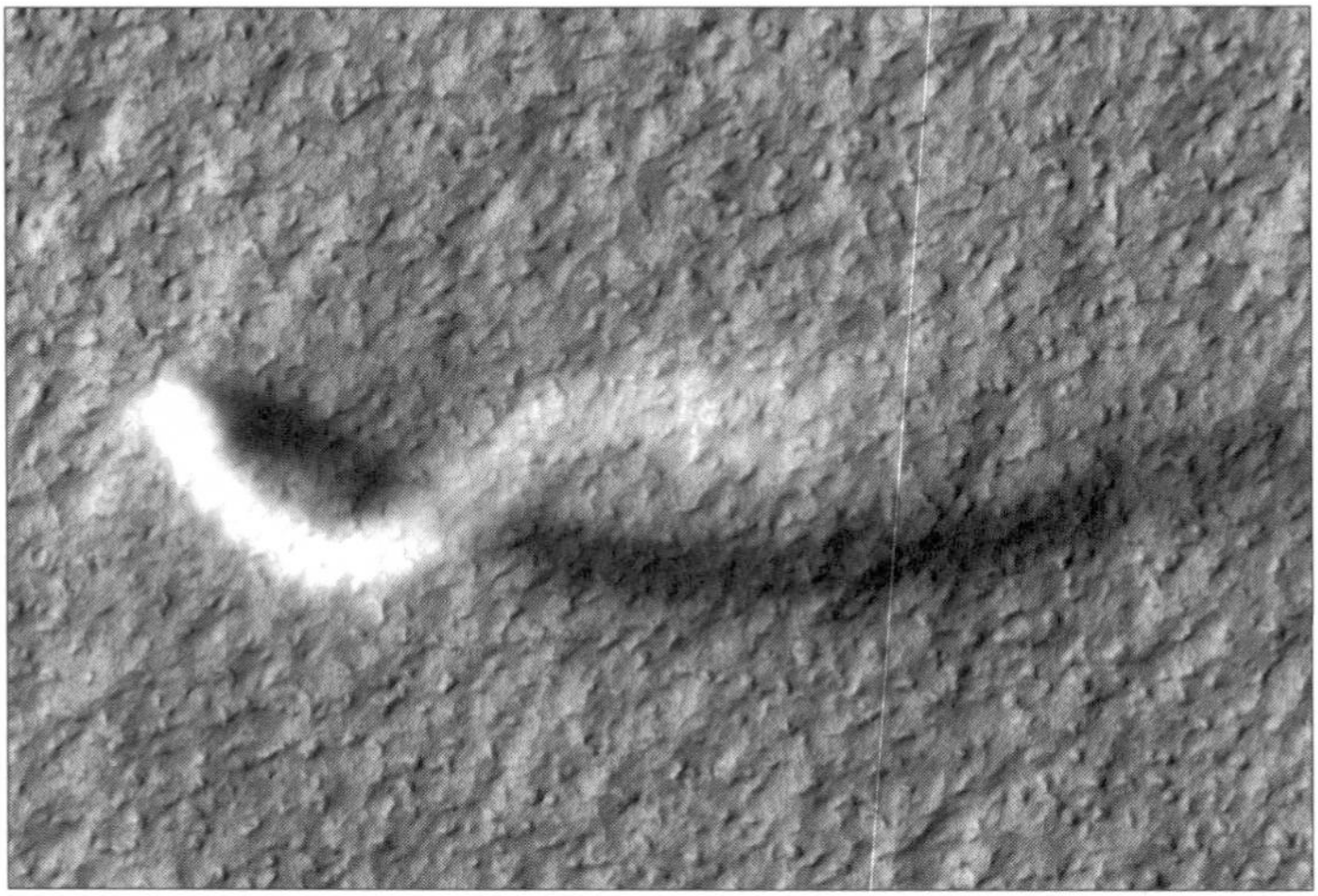

火星に発生した竜巻。高さは約800メートルに達する。（NASA/JPL-Caltech/Univ. of Arizona）

ようなものが見える面白い画像です。

気候変動にともなって粒の大きさの異なる岩石が作られ、それらが時代ごとに堆積することで縞模様の地層が作られました。クレーターができたときに、縞模様が年輪のように現れたのだと考えられます。

もう1つ、左下の画像は、地表面に大きな溝があるのをとらえています。冬の寒い時期には、火星の大気に含まれる二酸化炭素が凍って（ドライアイスになって）地面に積もります。

ここに太陽光が当たると、太陽光はドライアイスを通り抜けてその下の地面に当たり、地面を暖めます。すると、地面に接したドライアイスが先に気体となって膨張します。その勢いで、爆発のような現象が起こって地面が崩落し、溝が作られるのだそうです。

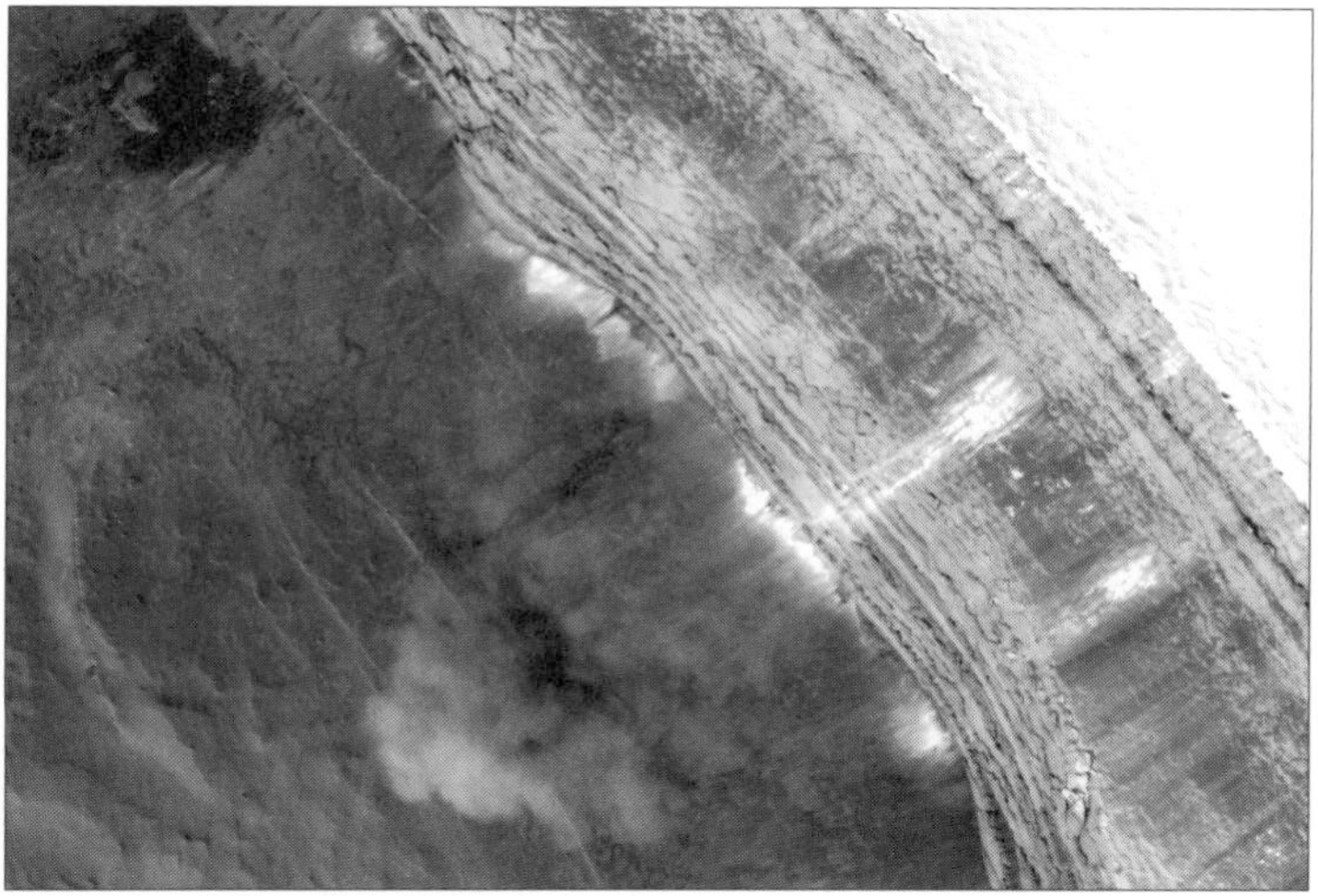

年輪のような跡のある火星のクレーター（NASA/JPL/UArizona）

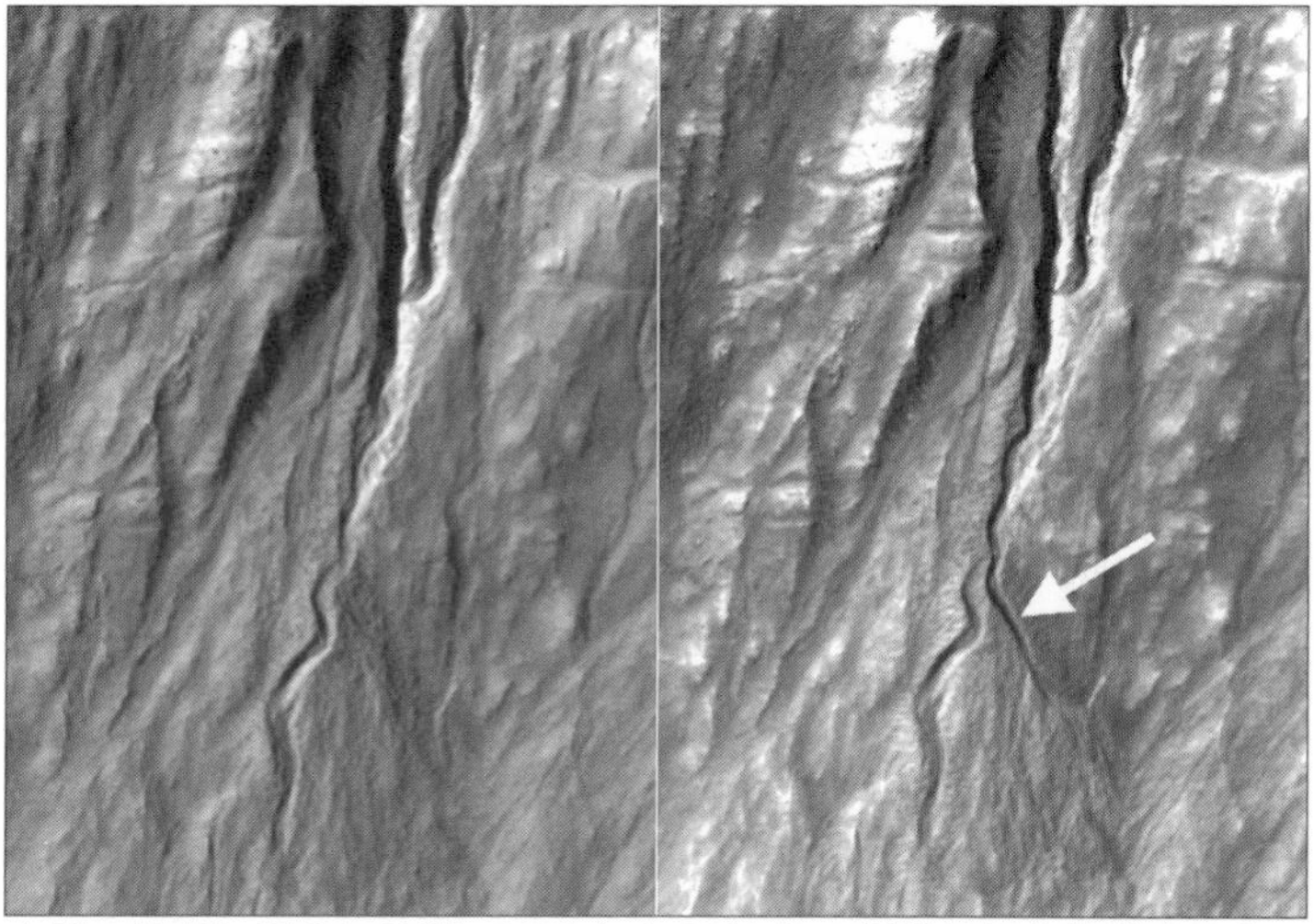

火星の地表に見られる溝。2010 年と 2013 年の観測結果を比較すると、矢印の場所に新しい溝ができていることがわかる。（NASA/JPL-Caltech/Univ. of Arizona）

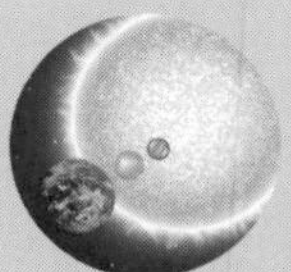

太陽系で一番くさい星は天王星

ガスでできている天王星

2018年、オックスフォード大学のパトリック・アーウィン教授を中心とする国際研究チームが「天王星はとてもくさい星である」ことが判明したと発表しました。

地球から遠く離れた惑星ほど、観測するのは容易ではありません。地球へもっとも近づくときでも約26億キロメートルも離れている天王星の場合、これまでに接近して観測したのは1977年に打ち上げられたボイジャー2号だけです。加えて、地上からも長年にわたって観測を続けています。

その結果、天王星は**ガスを主な成分とする惑星**であり、水素・ヘリウム・メタンなどといったガスでできていることが分かっていました。

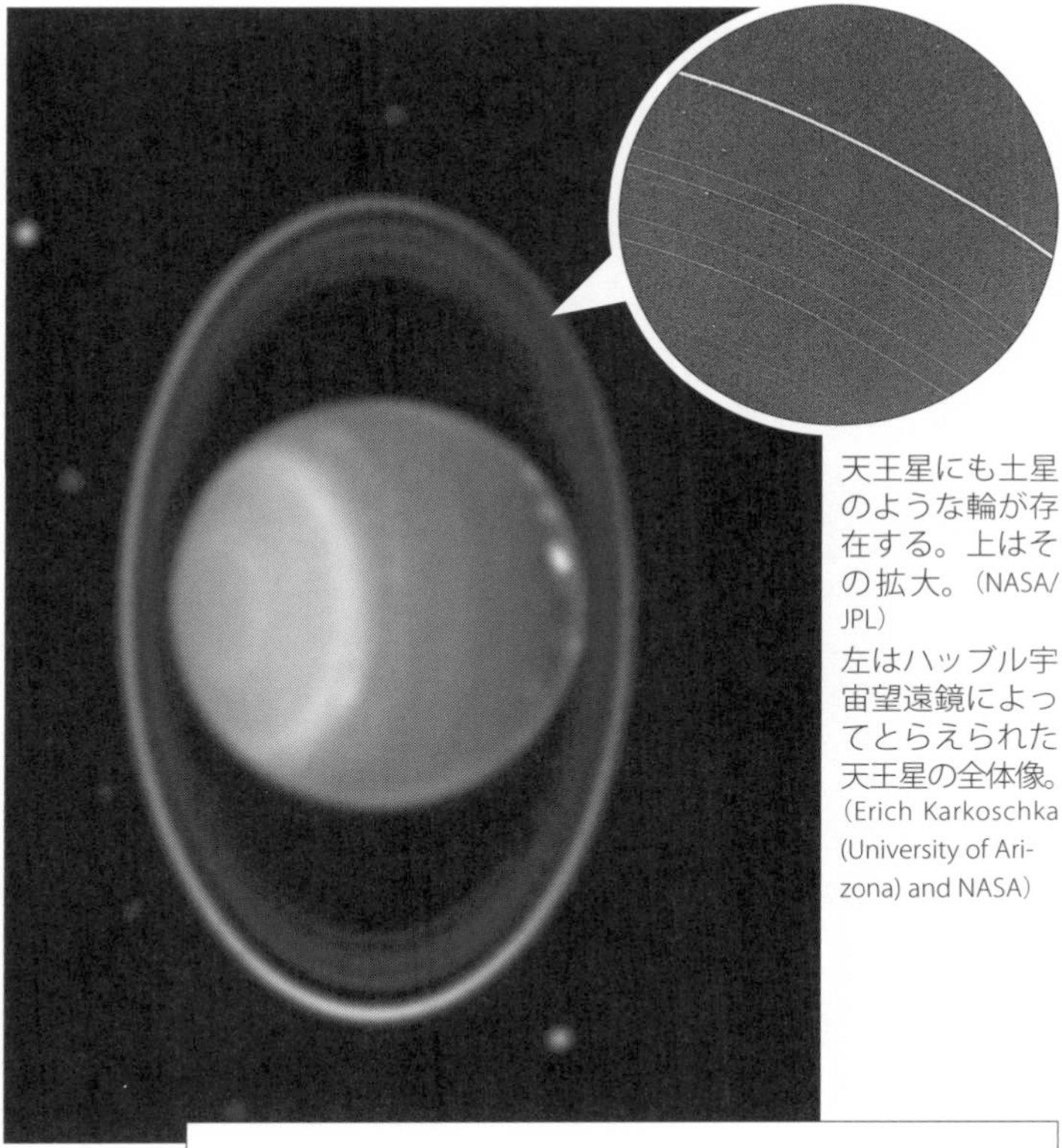

天王星にも土星のような輪が存在する。上はその拡大。(NASA/JPL)
左はハッブル宇宙望遠鏡によってとらえられた天王星の全体像。(Erich Karkoschka (University of Arizona) and NASA)

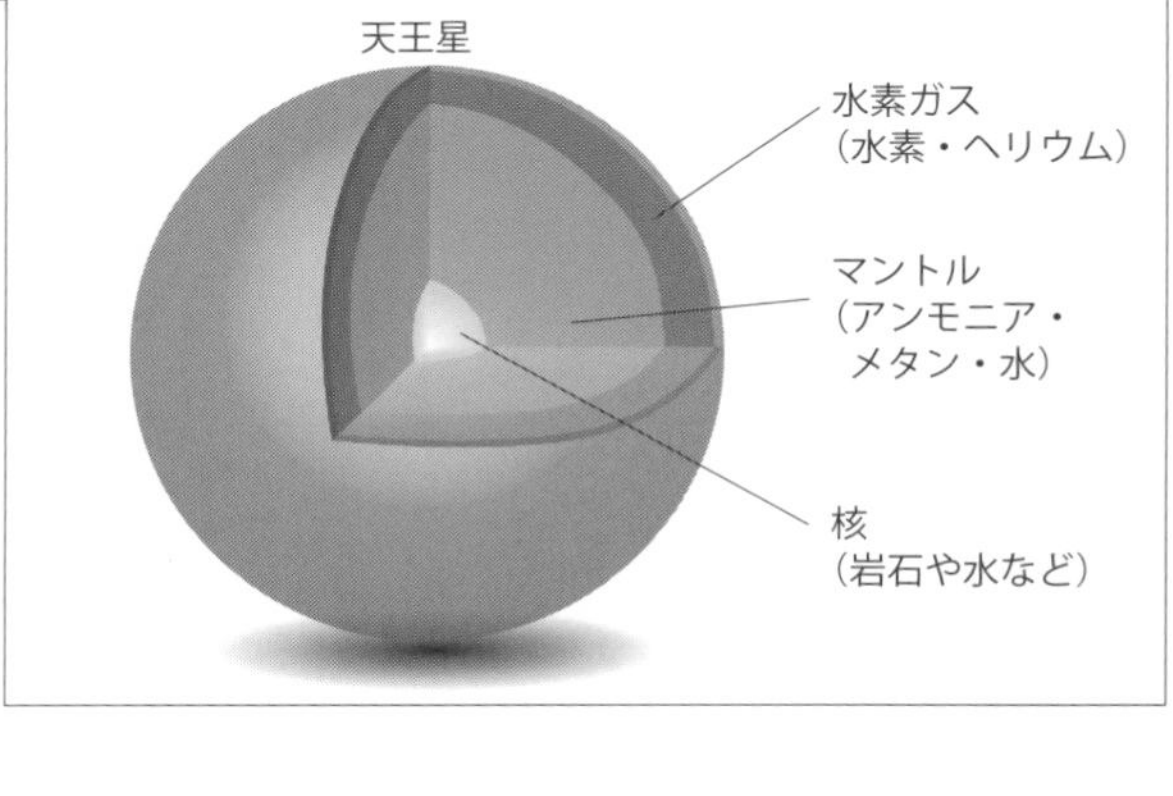

ジェミニ天文台では可視光・赤外線による撮影ができる。（©Shyn / PIXTA）

しかし、天王星の上空を覆っている雲については、どのような成分からできているか不明なところがありました。それが、国際研究チームによる観測で明らかになったのです。

観測は、ハワイのマウナケア山にあるジェミニ天文台で行われました。

天王星上空にある雲は、太陽光を反射します。太陽光にはいろいろな波長（色）の光が含まれています。それが雲に当たると、雲の成分によって決まった波長の光だけが吸収され、残りは反射されます。

今回、天王星の雲が反射した太陽光を観測することで、雲に**硫化水素**が含まれていることが判明しました。硫化水素は、温泉地などから漂う、鼻をつくにおいを持ったガスです。毒性が強いことでも知られています。

硫化水素のにおいは温泉地や温泉卵などで体験することができる。（m_ken-stock.adobe.com）

他にもあるくさい星

ちなみに、同じくガス惑星である木星や土星からは、硫化水素は発見されていません。その代わりに、やはりくさいガスであるアンモニアが観測されています。

この違いは、これらの惑星が作られた環境の違いを反映しているようです。各惑星に含まれるガスや雲の成分を知ることが、**太陽系が形成された歴史**を紐解く大きな手がかりとなるのです。

それにしても、もしも人類が天王星を訪問できる時代が到来したとしても、硫化水素のにおいに耐えることは困難なのでしょうね。

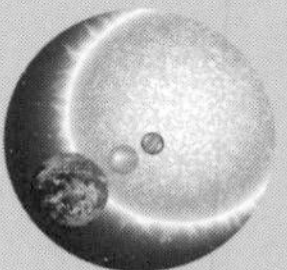

冥王星が「惑星」ではなくなった理由

どうして、冥王星は惑星から外されてしまったのでしょう?

惑星から準惑星への格下げ

２００６年、それまで惑星の仲間だった冥王星は、**「準惑星」へと分類が変更されました。**

太陽系の惑星を「水金地火木土天海冥」と覚えた方も多いと思いますが、**現在は「水金地火木土天海」**です。

もともと異質な存在だった冥王星

１７８１年に天王星、１８４６年に海王星が発見されて、太陽系の惑星は発見し尽くさ

冥王星
（NASA/Johns Hopkins University Applied Physics Laboratory/Southwest Research Institute）

れたと思われていました。

しかし、1900年過ぎになると、天王星と海王星のさらに外側にも天体があるはずだ、ということが分かってきました。天王星と海王星の軌道は、その外側からの万有引力がないと説明がつかなかったのです。

そこで、天文学者たちは未知なる〝惑星X〟を懸命に探しました。そして、1930年にアメリカの天文学者クライド・ウィリアム・トンボーが、海王星の外側にある新惑星を発見したのです。これが冥王星です。

冥王星は太陽系の9番目の惑星となりましたが、他の8つの惑星と比べて異質な部分がありました。

まず、**軌道が極端に楕円形**です。じつは、太陽系のどの惑星の軌道も、完全な円形ではありません。わずかにゆがんだ楕円形なのです。それに対し、冥王星の場合はゆがみがとても大きいという違いがあるのです。

そして、この楕円軌道は他の惑星の軌道を含む平面から約17度も傾いています。

太陽系の惑星の軌道はみな、ほぼ同一の平面上に乗っています。しかし、**冥王星の軌道だけが大きくずれている**のです。

さらに、冥王星は**他の惑星に比べてずっと小さい**天体です。月の半径は約1738キロメートルですが、冥王星の半径はこれよりも小さく約1195キロメートルです。

以上のように、惑星の仲間入りをした当初から、冥王星が異質であることが知られていました。それでも、太陽のまわりを回っている天体ということで惑星とされていたのです。

冥王星の外側に広がる小天体の世界

ところが、20世紀末になって天体観測の技術が向上すると、冥王星は「ちょっと変わった惑星」ではいられなくなってしまいました。**冥王星くらい太陽から離れた辺りに、膨大《ぼうだい》な数の天体が見つかった**からです。

その中には、冥王星より大きな天体もありました。もはや、**冥王星だけを「惑星」として特別扱いすることはできなくなった**のです。それで、冥王星は〝惑星〟から外れたのです。現在では、海王星の外側をまわる天体が1000以上発見されています。それらは「太陽系外縁《がいえん》天体」と呼ばれています。

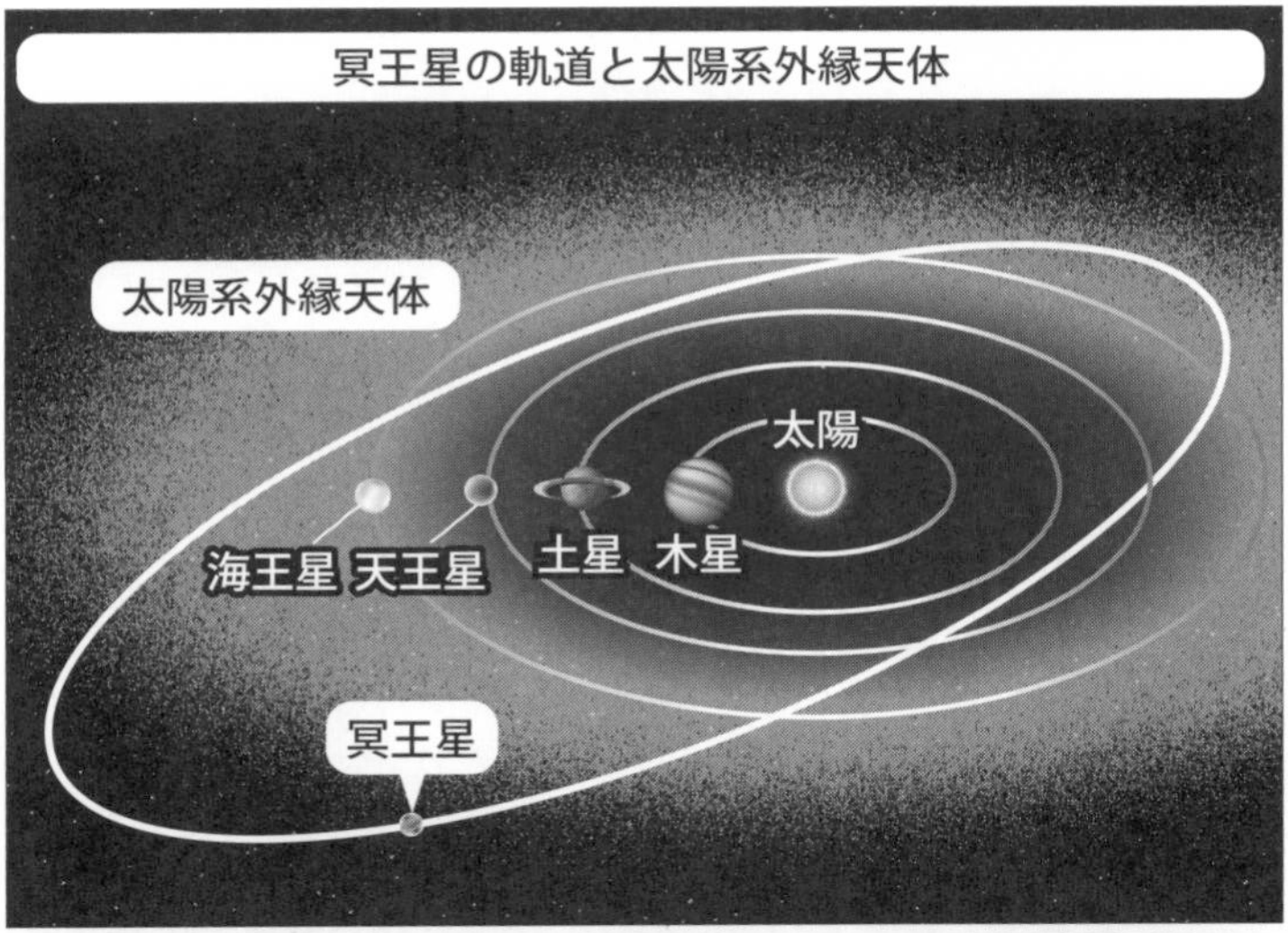

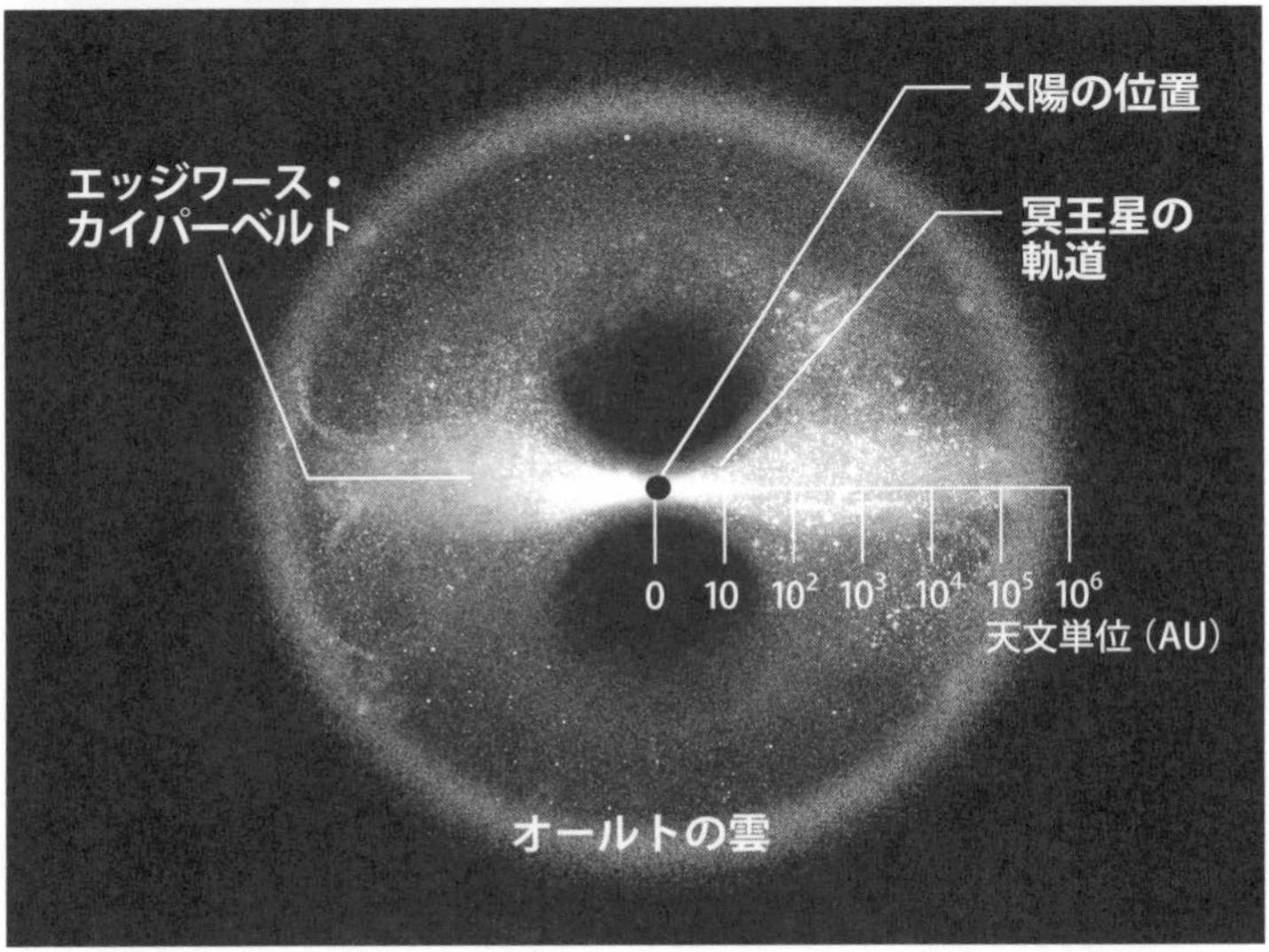

太陽系外縁天体の外側にも膨大な数の天体が存在する。（©The MPC Orbit (MPCORB) Database and licensed for reuse under Creative Commons Licence）

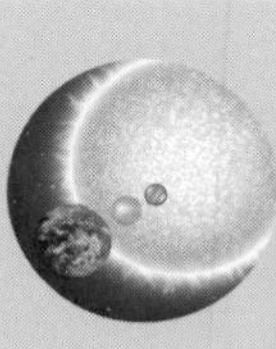

惑星探査機ボイジャーが見た太陽系

40年以上の旅を続ける双子の宇宙船

１９７７年、ＮＡＳＡ（アメリカ航空宇宙局）は双子の惑星探査機、**ボイジャー1号と2号**を打ち上げました。

ボイジャー1号は、１９７９年に**木星**へと接近し、観測を行いました。そして、木星の衛星であるイオに、活火山があることを発見しました。これは、地球外の天体では初めての発見でした。また、同じく木星の衛星である**エウロパ**も観測しました。

エウロパでは、表面に線状構造を見つけました。この発見の後、これは海氷に似たものなのではないかという説や、表面の下には液体の水が存在しているのではないか、という説が生まれました。

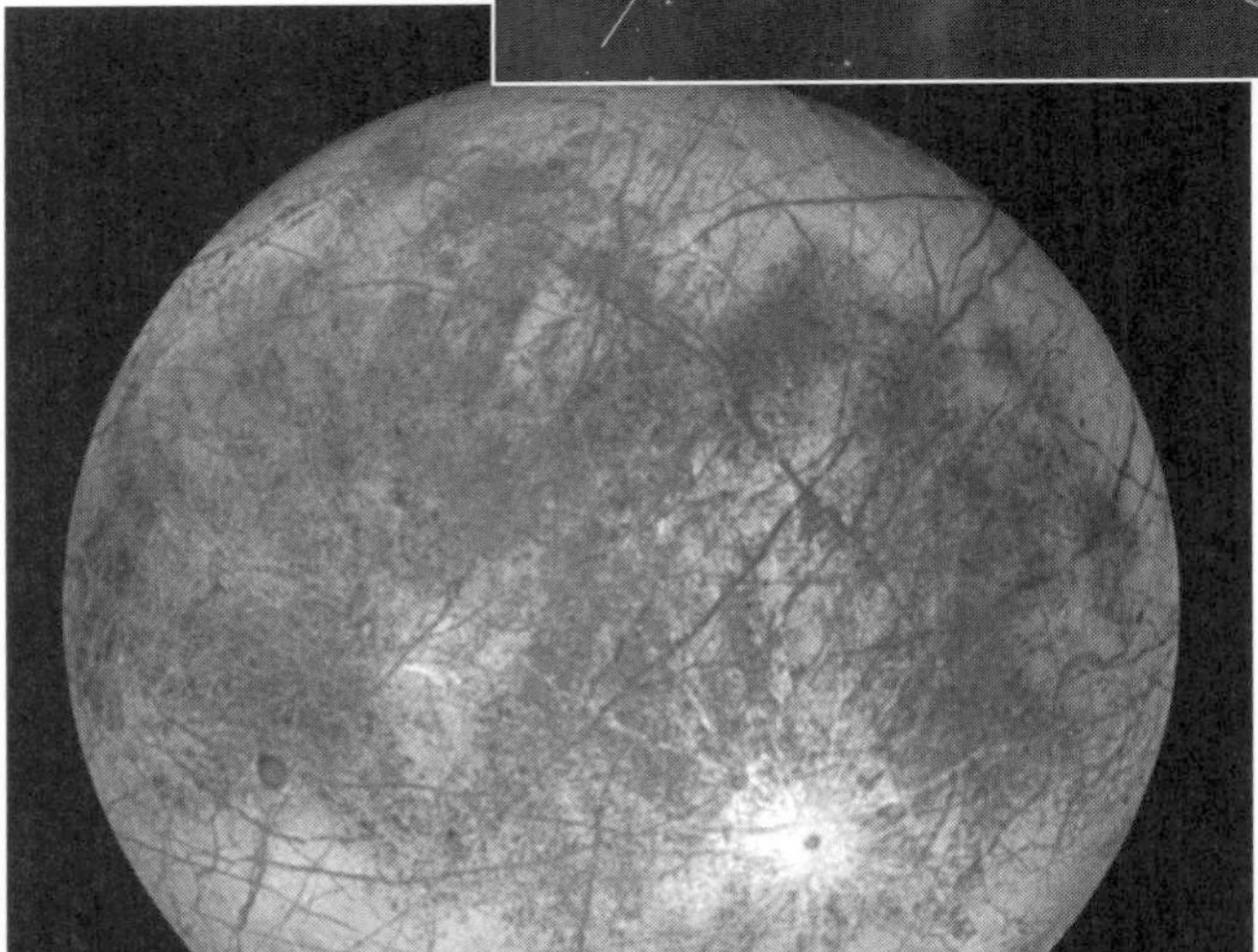

左：ボイジャー１号
中：ボイジャー２号
（NASA/JPL）
下：衛星エウロパの表面にみられる線状構造
（NASA/JPL/DLR）

ボイジャー1号の観測が、エウロパについての理解を深めることに貢献したのです。

ボイジャー1号は、続く1980年に**土星**を訪れます。そして、ここでも衛星について重要な発見を行いました。**衛星タイタン**に地球のような大気があることを見つけたのです(85ページ参照)。

その後、ボイジャー1号は旅を続け、2012年にはついに**太陽系の外へ飛び出した**のです。

どちらもヘリオポーズまで到達する

ここで、太陽系というのはどこまでの範囲を示すのか、確認しておきます。

太陽系の解釈の仕方は一通りではありませんが、ボイジャー1号が超えたのは**ヘリオポーズ**というラインです。

ヘリオポーズとは、太陽系とその外に広がる星間空間との境界面のことです。星間空間というのは、太陽系のような恒星に支配された領域の間にある、薄いガスや微粒子が漂う空間のことです。天体はなくても、何もないわけではないのです。

太陽からは、**太陽風**という電気を持つ粒子が放出されています。太陽風と星間物質は、混じり合うことがありません。そのため、境界面ができるのです。このようにしての生まれるのがヘリオポーズです。

太陽の進行方向では、太陽からヘリオポー

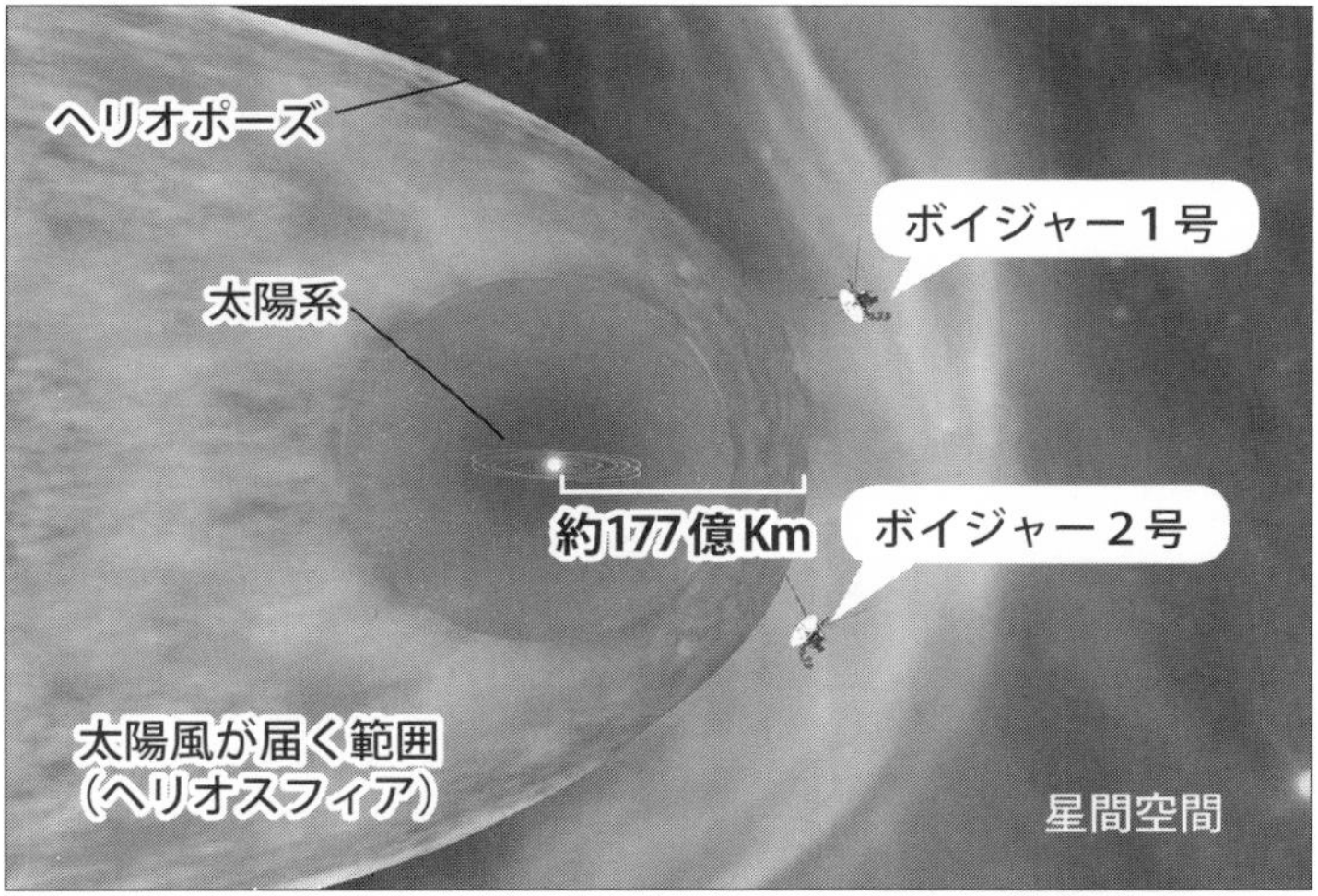

ボイジャーの予想位置とヘリオポーズのイメージ（画像：NASA/JPL-CALTECH）

ズまでの距離は、最先端部まで**約177億キロメートル**です。ボイジャー1号がそれを通過したということは、それほどの距離の旅を続けたということなのです。

ただし、ボイジャー1号は太陽系の外については完全な情報をもたらしませんでした。プラズマの温度を測定する機器が故障していたからです。

それを補ったのが、続いて太陽系を飛び出した**ボイジャー2号**です。

ゆっくり進む　ボイジャー2号の成果

ボイジャー2号は、1号よりもゆっくりと

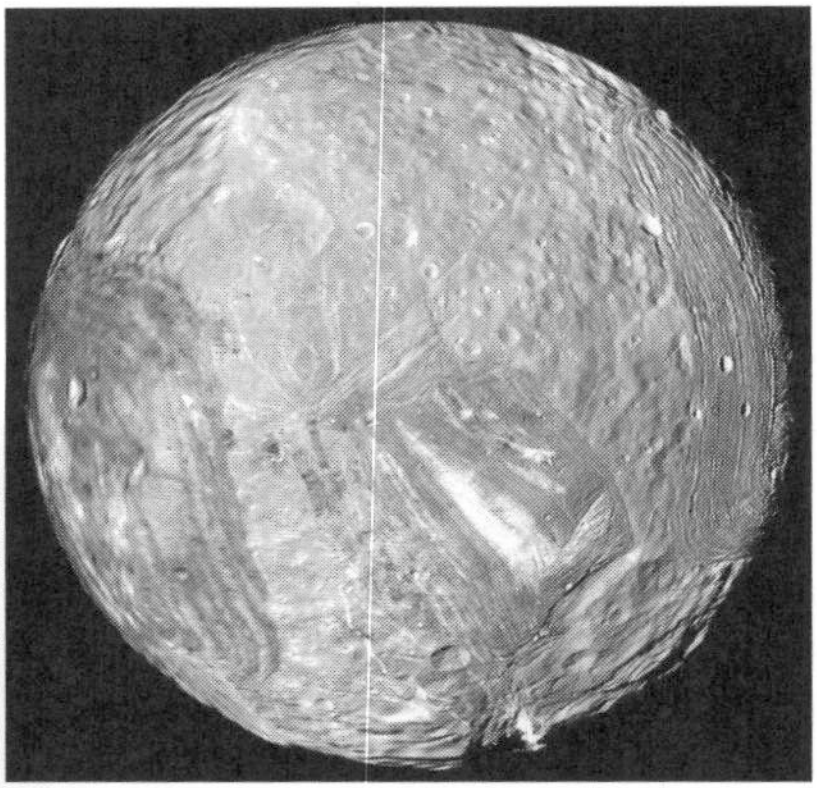

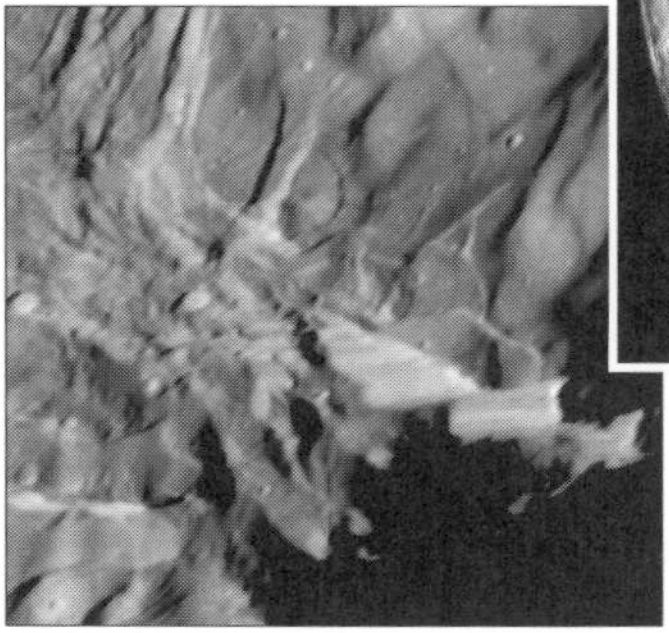

上：ミランダ（NASA/JPL-Caltech）
左：ミランダにある「ヴェローナ断崖」。最大で高度10Kmほどあり、太陽系最大の断崖と言われている。（NASA/JPL）

進む宇宙船です。

ボイジャー1号が秒速およそ17キロメートルで進むのに対し、2号は秒速15キロメートルほどの速さです。そのため、2号の方が遅れて観測をすることになったのです。

ボイジャー2号は、1号と同じく木星と土星の観測を行いました。そして、1号は観測しなかった**天王星**と**海王星**に近接して探査したのです。いままでに天王星と海王星を探査したのは、ボイジャー2号だけです。

ボイジャー2号は、**天王星の衛星ミランダ**の不思議な姿を捉えることに成功しました。その表面には、奇妙な溝や渓谷、崖がたくさんあったのです。

そして、**海王星の衛星トリトン**も観測しました。ここでは、氷の間欠泉という珍しいも

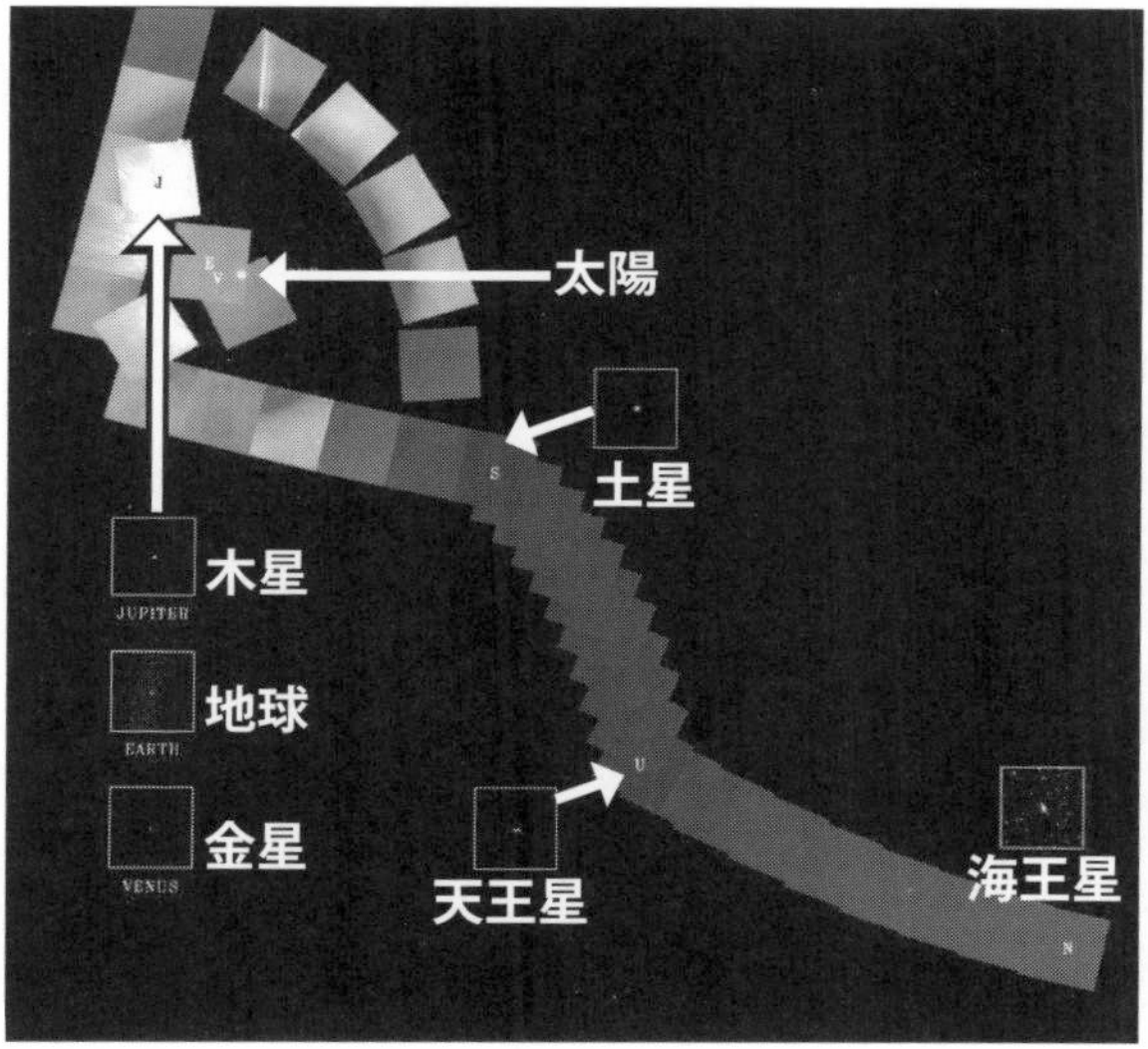

ボイジャー1号がとらえた初の「太陽系ファミリーポートレート」。地球から40億マイル以上の距離から撮影した60枚を合成したもの。（NASA/Jet Propulsion Laboratory-Caltech）

のをとらえました。

ボイジャー2号は、こういった観測を行いながら2018年に1号に続いて太陽系を脱出しました。

ボイジャー2号は、温度測定器の故障もなく、太陽系の外に広がる星間空間の温度を測ることができました。

そして、ボイジャー2号が知らせてきたのは、星間空間の温度は少なくとも3万度を超えるという情報でした。天体に支配されていない空間が、これほどの高温になっていることが分かったのです。

ボイジャー1号・2号は、現在もともに太陽から200億キロメートルほども離れたところを航行中です。そして、地球へ観測データを送り続けているのです。

3章

太陽系外の世界と宇宙をつくるもの

太陽系の外にある惑星が分かってきた

「系外」にある星が数多く発見される

太陽系の8つの惑星の中でもっとも外側の海王星は、太陽から約30au（太陽と地球の距離の30倍）離れたところにあります。

太陽系外縁天体（106ページ参照）は、さらに遠くにあります。観測技術の発展とともに、それほど遠くの天体の姿をとらえてきました。そして、人類はさらにずっと遠くにある惑星をも観測してきたのです。太陽系の外にある惑星です。

太陽系は、**銀河系**の中に存在します。銀河系には太陽のような恒星が2000億以上もあると考えられています。私たちはその一部を夜空にながめることができます。

太陽のまわりに惑星が存在するように、銀

銀河の中心から2万6100
光年の位置に太陽系がある

上：太陽系が属する銀河系の想像図（画像：http://nasa/jpl-caltech/R.Hurt(SSC-Calteh)
左：太陽系は銀河系のすみの方にあるので、地上から銀河系の中心を見るとこのように見える。（ESO/B. Tafreshi tw-anight.org）

河系にある無数の恒星のまわりにもそれぞれ惑星があると考えるのが自然でしょう。

ただ、みずから光を放つ恒星に対して、惑星の観測は困難です。恒星よりずっと小さくて光っているわけでもないものがはるか遠くにあっても、われわれはその存在を知ることはできませんでした。

ところが、人類はついに**太陽系の外にある惑星（系外惑星）**を発見しました。１９９５年のことです。そしてそれ以来、現在までに４０００以上もの系外惑星を見つけてきたのです。

最初に系外惑星を発見したミシェル・マイヨール（スイス）とディディエ・ケロー（スイス）は、その功績により２０１９年のノーベル物理学賞を受賞しました。

どのようにして系外惑星を見つけた？

優れた天体望遠鏡を使っても、はるか遠くの系外惑星そのものは観測できません。系外惑星は、観測方法の工夫によって存在が確認されています。

見つけ方は、2つあります。

1つめは、**系外惑星の軌道の中心にある恒星の揺れを検出する**方法です。

太陽系を例にして説明してみましょう。

地球は、一定の位置にとどまっている太陽のまわりを回っているというイメージを持たれている方は多いと思います。

しかし、それは正確ではありません。惑星に比べたらわずかではありますが、太陽も回っているのです。

左の図のように、太陽と地球を合わせて考えると、共通の重心というものが存在します。太陽も地球もそれぞれ、そのまわりを回っているのです。ただし、太陽の方が共通の重心にずっと近いところにあります。そのため、回っていることが分かりにくいというわけです。

太陽系以外でも、**もしも惑星が存在すれば同じように中心の恒星は動いているはず**です。地球から見ると、近づいたり遠ざかったりという動きを繰り返すことになります。

恒星が地球に対して近づくときと、逆に遠ざかるときとでは、その光の色が違って見えます。そのことによって、恒星が動いている（揺

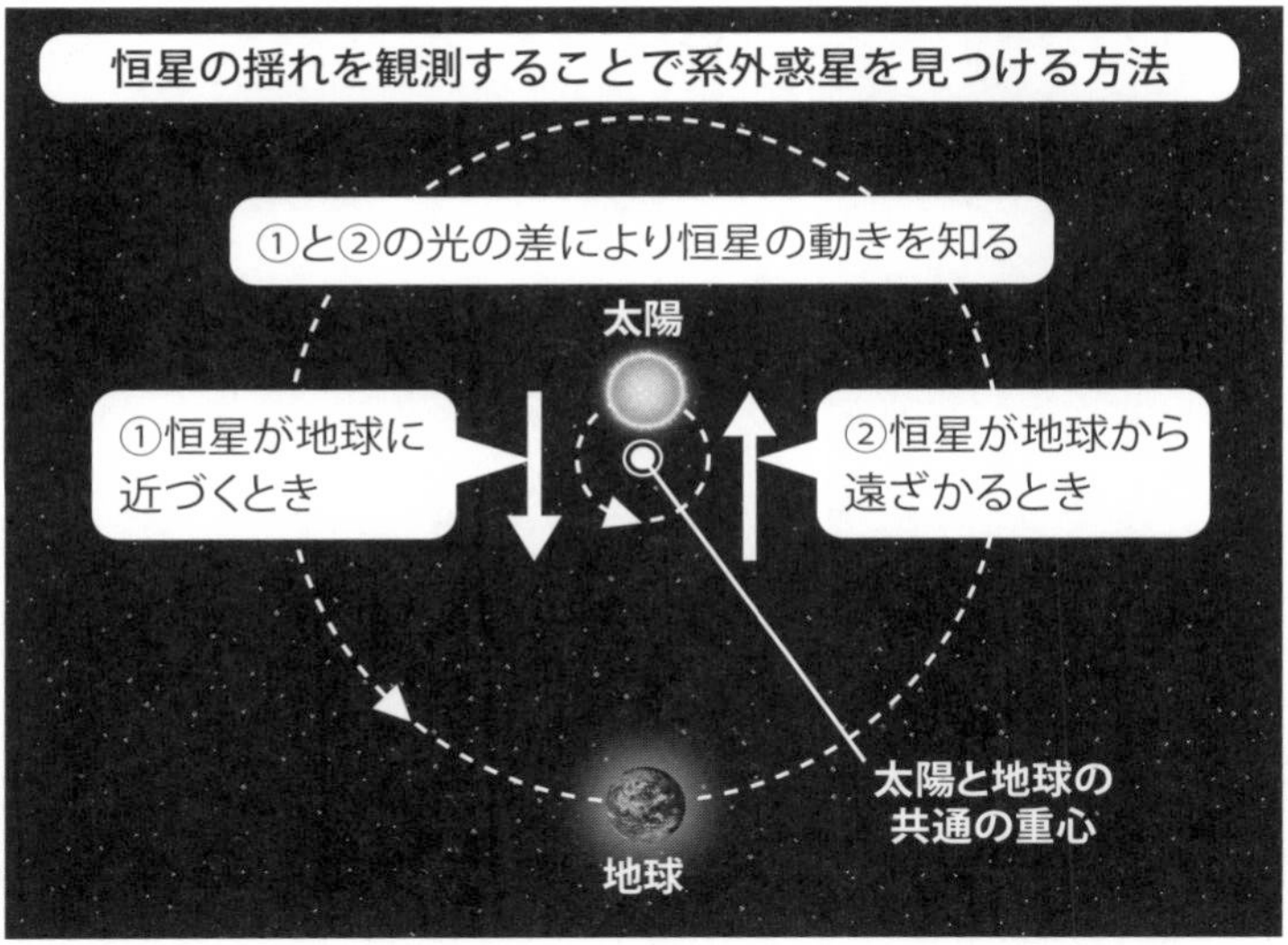
恒星の揺れを観測することで系外惑星を見つける方法
①と②の光の差により恒星の動きを知る
太陽
①恒星が地球に
近づくとき
②恒星が地球から
遠ざかるとき
太陽と地球の
共通の重心
地球

れている）のを知ることができるのです。

これは、救急車が近づいてくるときと遠ざかっていくときで聞こえるサイレン音の高さが変わるのと同じ現象で、「ドップラー効果」と呼ばれます。そして、それはその恒星のまわりの惑星の存在が確認できたということにもなるわけです。

2つめは、**系外惑星が恒星の前を横切る瞬間をとらえる**方法です。

系外惑星は恒星のまわりを回っています。まわりながら、地球から見て恒星の光をさえぎる位置に来ると、地球で観測できる恒星の光量が減ります。日食に似たような現象ですね。

これを周期的に確認することで、系外惑星の存在を知ることができるのです。

変わった特徴を持つ系外惑星たち

いままでの観測で、たくさんの系外惑星が見つかりました。その中には、太陽系の惑星にはない非常に特徴的なものもあります。いくつか紹介します。

まずは、2017年に見つかった**観測史上もっとも高温の系外惑星**で、地球から650光年も離れたところにあります。直径が地球の20倍ほどあるこの惑星は、表面温度が4300℃に達します。太陽の表面温度が6000℃ほどですから、いかに高温であるかが分かると思います。

この惑星の中心には、表面温度が1万℃ほどもある恒星があります。惑星はそこから520万キロメートルほどしか離れていないため、高温なのです。

このことに加えて、この惑星の自転と公転が同じ周期で起こっていることが、特定の面を超高温にしている原因となっています。

惑星が1回自転する間に、恒星のまわりを1周します。そうすると、**惑星は常に同じ面を恒星に向け続ける**ことになるのです。その面が、4300℃に達しているわけです。

1回の公転に8万年かかる惑星もある

他にも、変わった特徴を持つ系外惑星が見

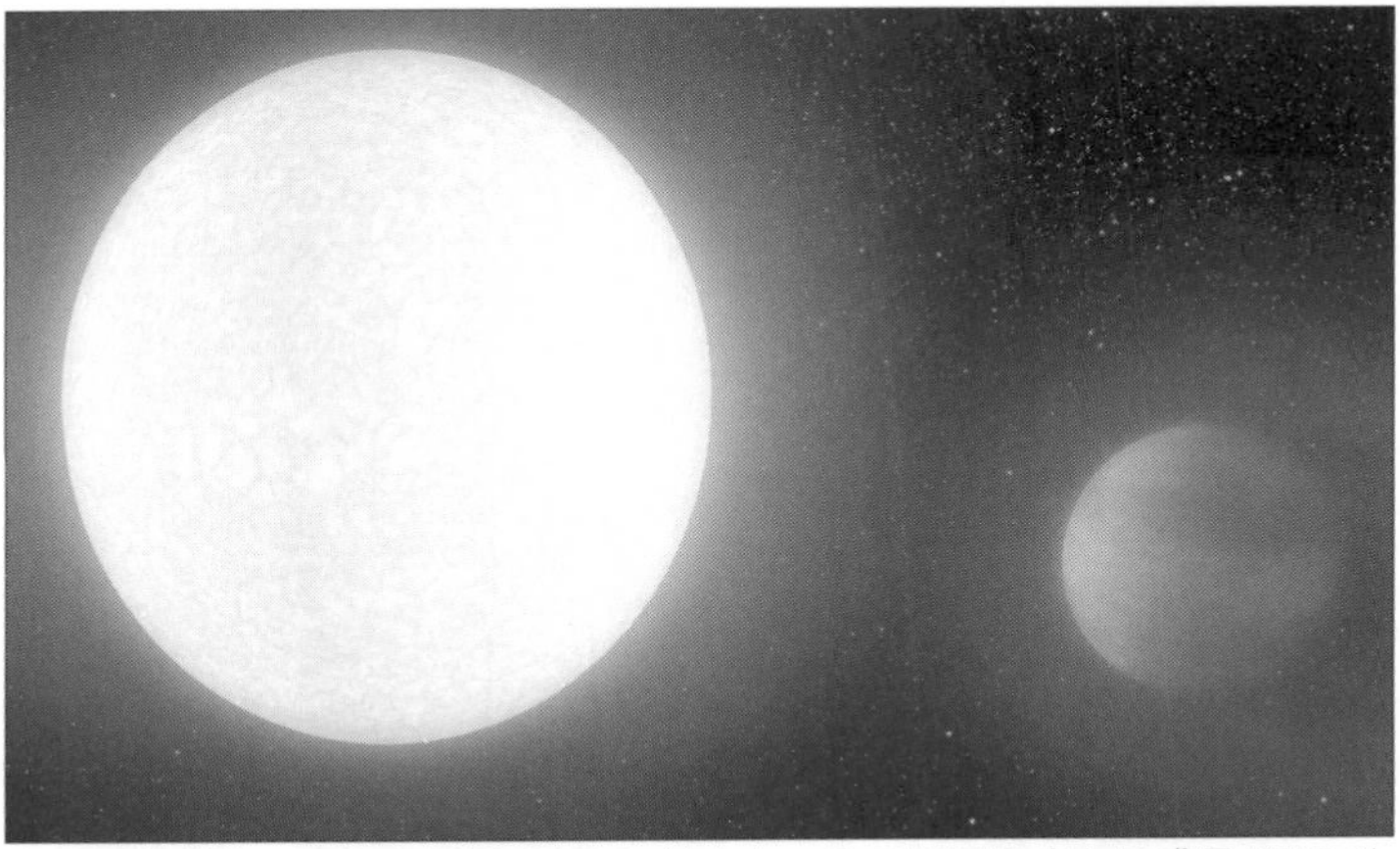

表面温度が約１万℃の恒星 KELT-9（左）と、その周囲をまわる惑星 KELT-9b（右）の想像図。観測史上最高温の系外惑星は右。左の恒星は高速で自転しているため、やや楕円形に描かれている。（NASA/JPL-Caltech/R. Hurt（IPAC））

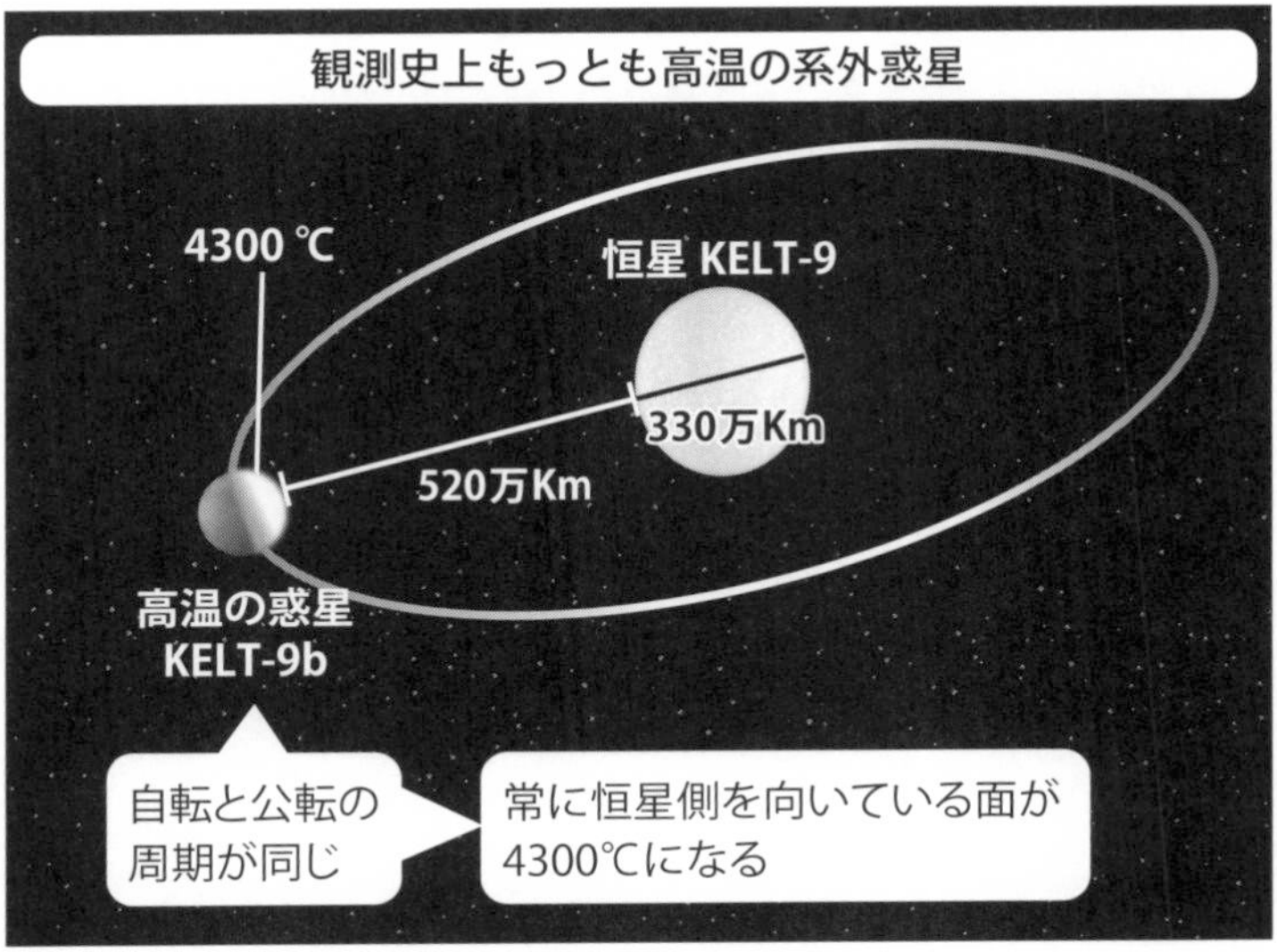

つかっています。

前出の高温の惑星の場合、約1日半という短時間で1回公転します。それよりも公転周期が短い惑星も見つかりました。

地球から3849光年離れたところにある惑星で、**約6時間で恒星のまわりを1周します**。恒星から90万キロメートルという至近距離を回っているため、周期が非常に短くなっているのです。

逆に、**約8万年もかけて恒星のまわりを1周する惑星**も見つかっています。太陽系惑星でもっとも長い公転周期は、海王星の約165年です。8万年という公転周期がいかに長いか、分かると思います。

この惑星は、中心の恒星から3000億キロメートルも離れているそうです。

惑星には、恒星のすぐ近くをまわるものから非常に遠くをまわるものまで、さまざまあることが分かります。

さらに、左下の図のように、**軌道が極端にゆがんでいるもの**も見つかっています。

地球から約117光年の距離にある系外惑星です。この惑星の軌道は、他の惑星から受ける万有引力によって大きく乱され、このようになったのだと考えられています。

綿菓子のように密度が小さい惑星

地球から約1000光年離れたところには、**ものすごく密度が小さい惑星**も見つかってい

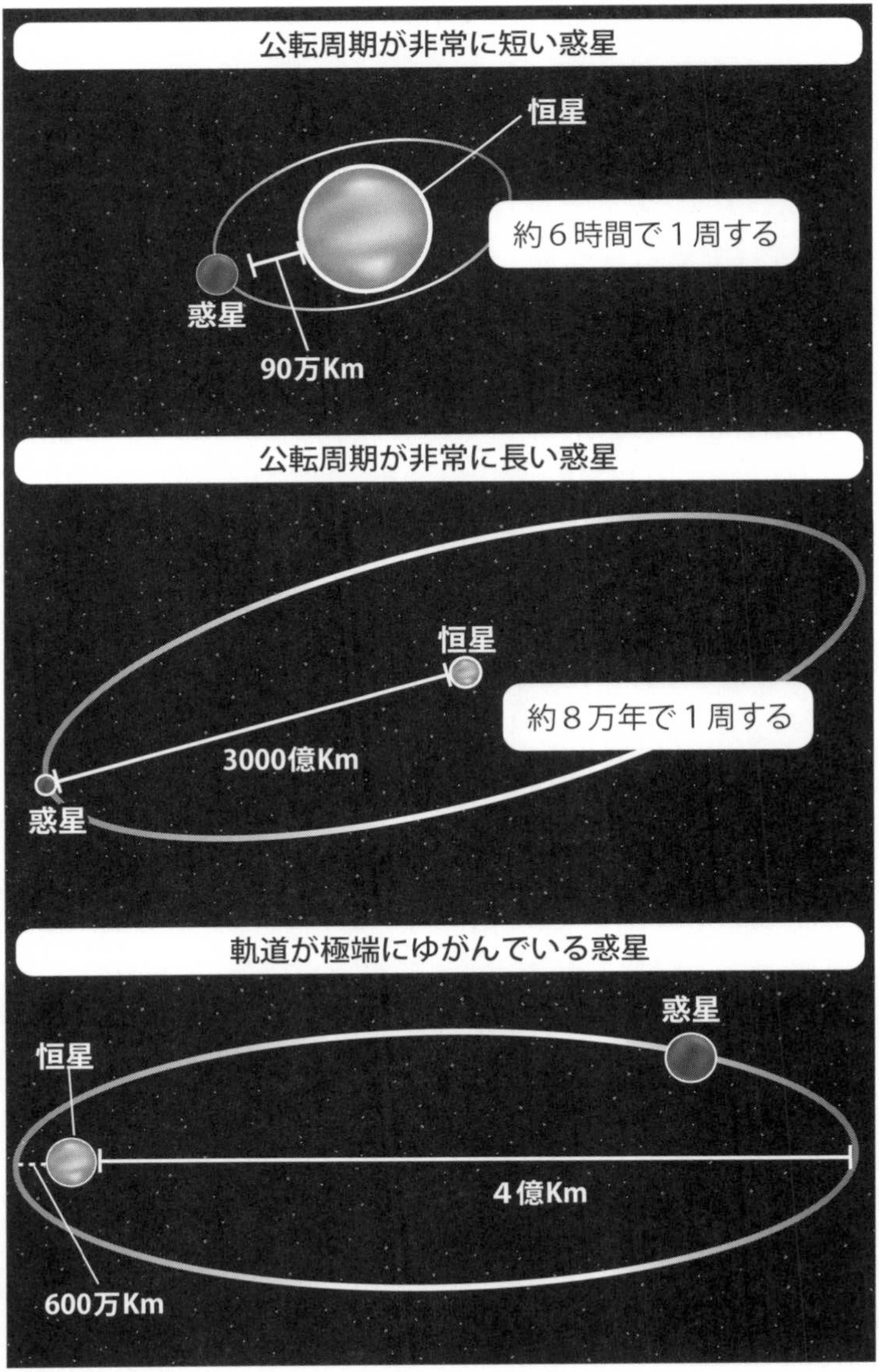
公転周期が非常に短い惑星
恒星
約６時間で１周する
惑星
90万Km
公転周期が非常に長い惑星
恒星
約８万年で１周する
3000億Km
惑星
軌道が極端にゆがんでいる惑星
惑星
恒星
4億Km
600万Km

ます。

この惑星は木星や土星と同じガス惑星ですが、密度が0・08〜0・19グラム毎立方センチメートルと見積もられています。これは、たとえば乾燥したコルクと同じくらいの密度です。土星の密度は0・69グラム毎立方センチメートルですから、それと比べてもずっと小さな値です。

この惑星は恒星に近いため高温であり、膨張しています。そのことは低密度であることに影響しているはずですが、それだけではこれほど低密度になる理由は説明できないそうです。

説明がつかないほど低密度であるこの惑星は、研究者の間でも注目を集めているようです。

謎に包まれたコアが異常に大きい惑星

他にも、太陽系にはないタイプの系外惑星があります。

木星や土星などガス惑星の内部には、金属・岩石・氷などでできた**コア（核）**という部分があります。木星や土星のコアは、地球の数倍から10倍程度の重さだと考えられています。

ところが、地球から257光年の距離に、岩石と氷を主成分とした**地球の70倍程度の重さのコアを持つ惑星**が見つかっています。この惑星自体の質量は土星の1・2倍程度でありながら、コアが異常に大きいのです。

じつは、現在の惑星形成理論ではなぜこれ

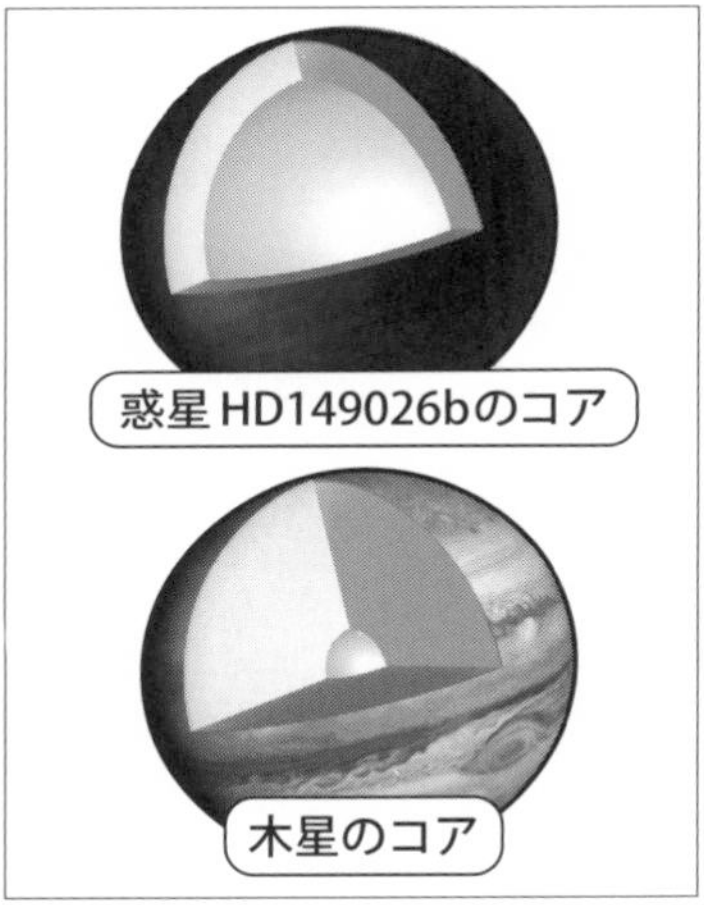

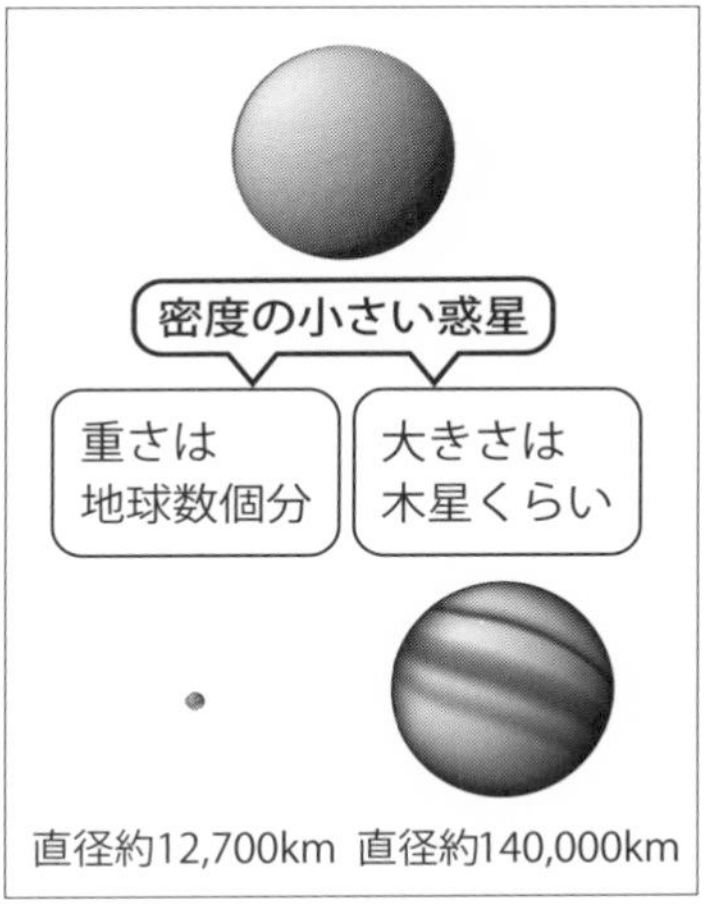

右：密度が小さい惑星ケプラー 50，50b、50d のイメージ（画像：ケプラー 50b：NASA, ESA, and L. Hustak and J. Olmsted (STScI)） 左：巨大なコアを持つ惑星 HD149026b と木星のコアとの比較（画像：NASA/JPL-Caltech をもとに作成）

ほど巨大なコアを持つ惑星が生まれたのか、説明できません。謎に包まれた惑星なのです。

さらに、ダイヤモンドが大量に存在するかもしれない惑星も見つかっています。

この惑星は、太陽系の惑星と違って炭素を多く含んでいます。それが、惑星内部の温度と圧力の高い環境の中で、大量のダイヤモンドに変化している可能性があるのです。

光を観測することで彼方の星のことがわかる

ところで、はるか彼方にある系外惑星について、その特徴をどうして知ることができるのでしょう?

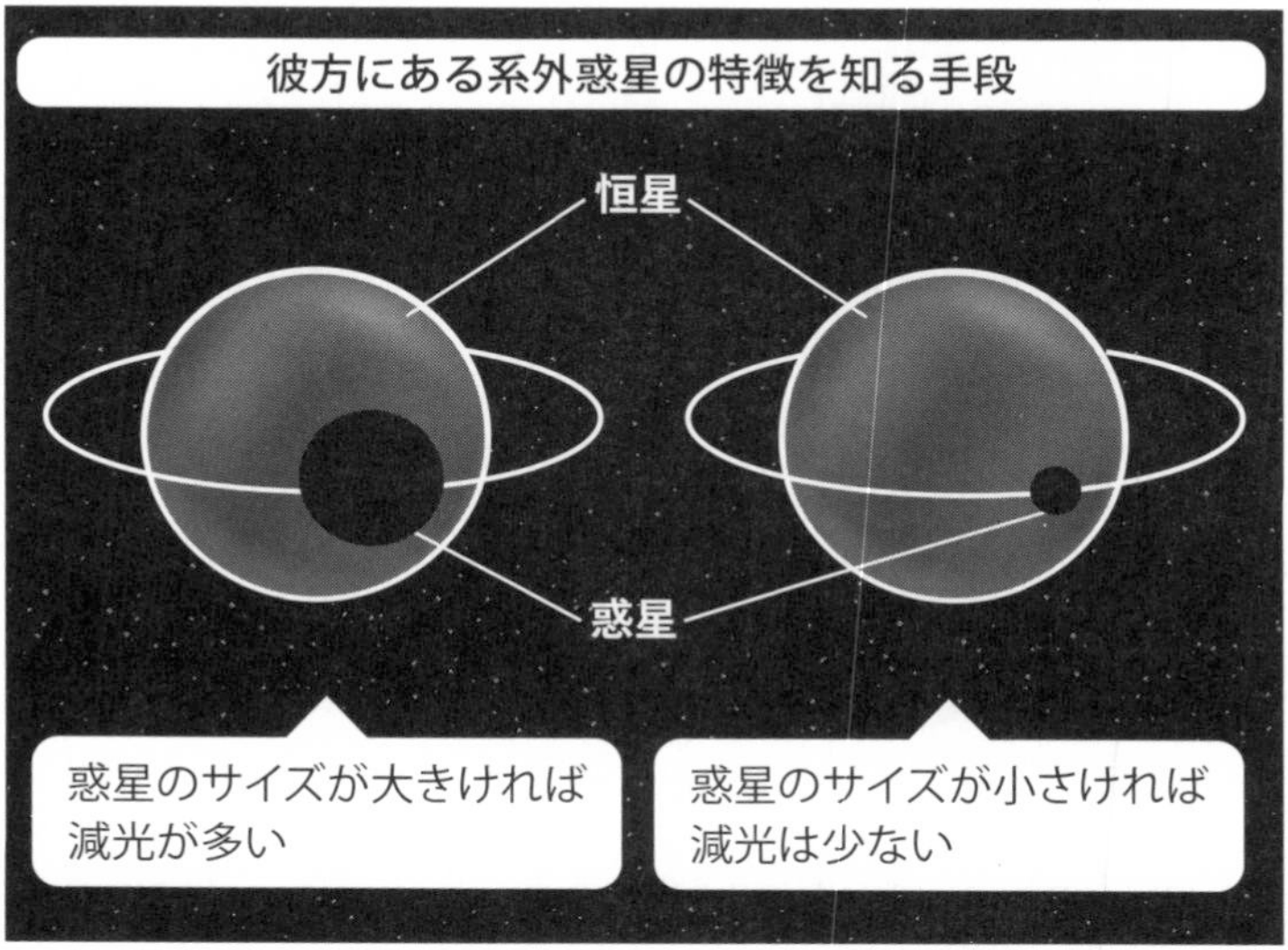

まず、惑星が恒星の前を横切るときの、観測される恒星の**光の減少量**を調べます。惑星が大きいほど光も減少しますので、ここから惑星の大きさを見積もることができます。

また、惑星の質量が大きいほど、恒星と惑星の共通の重心は恒星から離れたところになります。そのため、恒星の動きが大きくなるのです。

恒星の動きの大きさから、惑星の質量を見積もれます。このような方法で、惑星の大きさと質量を知ることができます。

そして、「質量÷大きさ」という計算をすると、惑星の密度が分かります。

密度は、惑星を形成する物質の種類によって変わります。密度から、およそどのような成分で惑星が成り立っているのか、予想でき

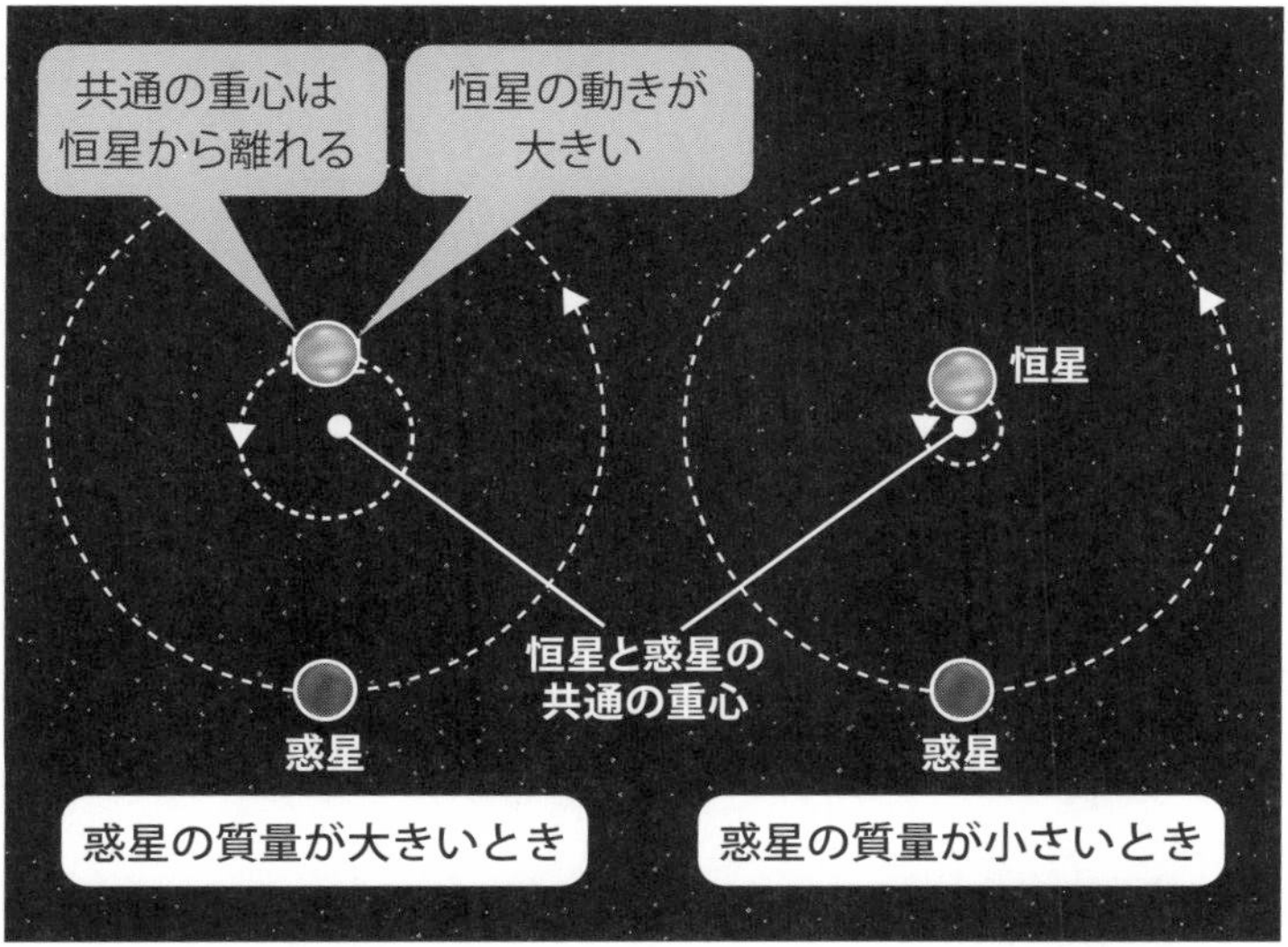

るのです。

さらに、ガスでできた惑星の場合、恒星からの光を完全にさえぎることはありません。地球からも観測できる、惑星を通過する光があるのです。

このとき、ガスの成分によって吸収される光の波長（色）が異なります。それを検出することで、ガスの成分を推測することも可能です。

系外惑星の観測ができるようになったことで、非常に変わった特徴を持つ惑星がいくつも見つかっています。

その中には、従来の理論ではうまく説明できないものが多くあります。系外惑星は現在も発見され続けています。惑星形成理論の発展に貢献することでしょう。

太陽系の外から飛来した？謎の天体「オウムアムア」

ＵＦＯがやってきた⁉

２０１７年10月、ハワイのパンスターズ望遠鏡で、ある天体が発見されました。

軌道の分析をすると、その天体は**太陽系の外からやってきたもの**（恒星間天体）であることが分かりました。太陽系へ突入し、太陽のまわりを回って再び太陽系外へ出ていく軌道を持っているのです。

かねてから、太陽系の外縁部で生成された彗星や小惑星が、他の惑星の重力の影響を受けて軌道を変え、太陽系の外へ飛び出すことがあるのではないかと考えられていました。

このようなことは、太陽系以外のところでも起こるでしょう。そして、今回そのようなものが太陽系へ突入してきたのではないかと考

オウムアムアの想像図。観測データの結果により細長い物体ということが分かっている。（ESO/M. Kornmesser）

えられているのです。

この天体は**「オウムアムア」**と名付けられました。オウムアムアが彗星だとすると、太陽の近くを通過するときにはガスを放出するはずです。ところが、ガスの放出は観測されませんでした。ここから、オウムアムアは太陽系外からやってきた小惑星だと結論づけられたのです。

なお、「ｏｕ（オウ）」は「手を伸ばす」、「ムア（ｍｕａ）」は「最初の」という意味です。「ムア」を2回繰り返しているのは、このようなものが見つかったのが初めてであることを強調してのことです。

「オウムアムア」には、**「最初に、太陽系の外から私たちのところへ手を伸ばしてきた」**という意味が込められているのです。

謎の加速をして太陽から離れていった

さて、これだけなら不思議なことはないのですが、その後オウムアムアの観測を続けると奇妙な発見がありました。オウムアムアが**太陽から離れながら、加速している**ことが分かったのです。

普通なら、太陽から引力を受けながら遠ざかるオウムアムアは減速していくはずです。それが加速しているというわけですから、何か理由があるはずです。

彗星であれば、ガスを噴射します。そして、ガスを噴射することで加速するのです。これは、たとえばロケットが加速するのと同じ仕組みです。

ところが、オウムアムアでは**ガスの放出が観測されませんでした**。そこが、不思議なところなのです。

オウムアムアについて、ハーバード大学の研究チームは面白い仮説を発表しました。「オウムアムアは、太陽光の圧力を受けて加速したのではないか」というものです。

じつは、**太陽光には物体を推進させるはたらきがあります**。

そのことは、2010年にJAXA（宇宙航空研究開発機構）によって打ち上げられたイカロスが実証しています。

イカロスは、厚さがわずか0・0075ミリメートルという帆（対角線の長さが20メートルの正方形）を広げ、太陽光の圧力によって宇宙

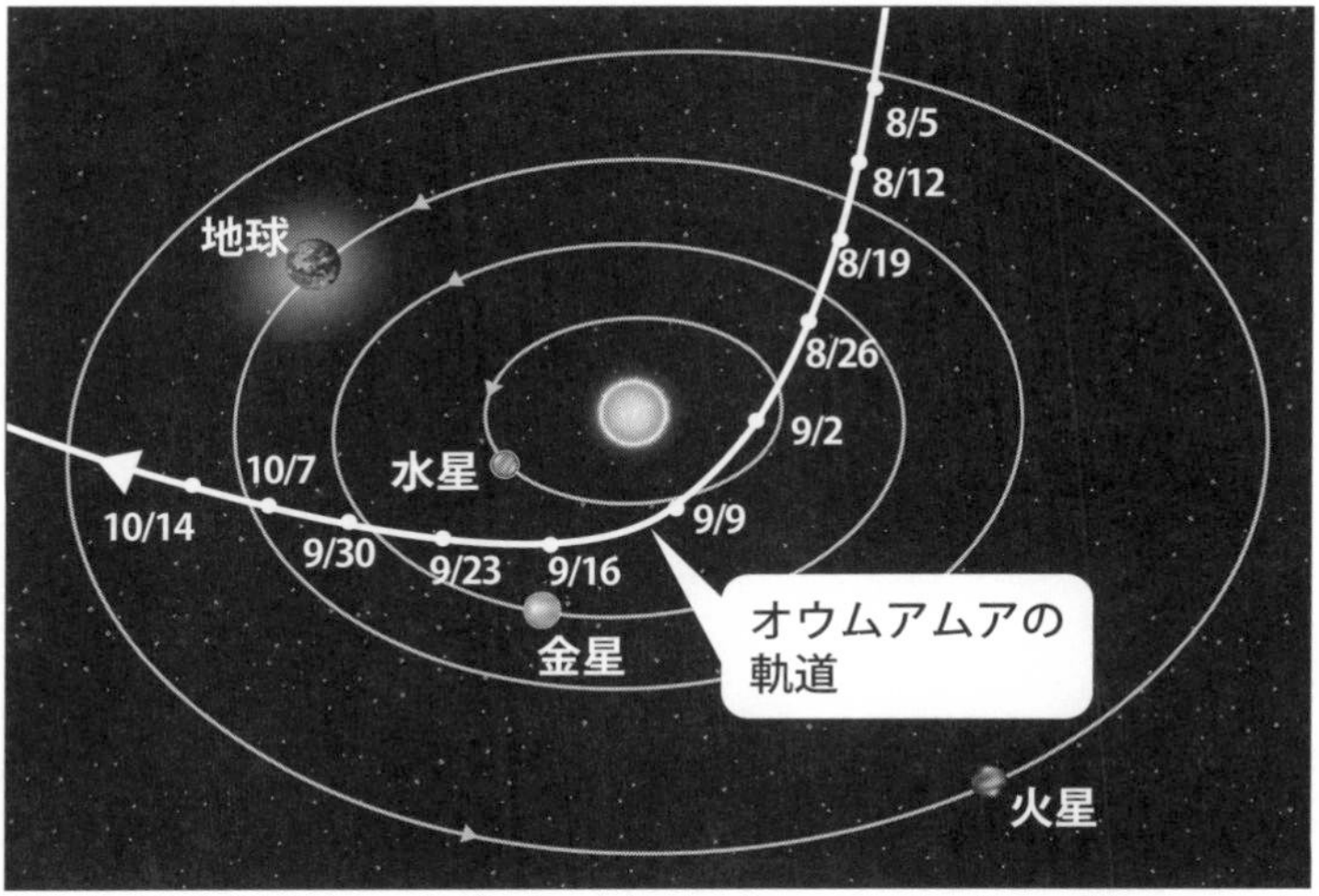

（データ：NASA JPL Horizons ／画像：©nagualdesign; Tomruen and and licensed for reuse under Creative Commons Licence をもとに作製）

空間を進んでいきます。

　さて、オウムアムアが太陽光の圧力によって加速したとすると、薄くて軽い天体である必要があります。しかし、通常そのような天体は観測されません。

　また、現在知られている小惑星や彗星の生成プロセスからは、太陽光で加速するほど薄くて軽い天体が生まれることは理解できないのです。

もしかして人工物なのか？

　そこで、1つの可能性としてこの研究チームは**「オウムアムアは人工物ではないか」**という説を唱えたのです。

もしかしたら、宇宙のずっと遠くのどこかで、イカロスのようなものが作られたのではないか。そして、それが地球の近くまでやってきたのではないかというわけです。

実際、オウムアムアは太陽から0・25au（太陽と地球の距離の4分の1）というほどよい距離を通過しながら、地球に最大で0・15au（太陽と地球の距離の20分の3）まで近付いています。

これは、まるで地球から観測しやすいタイミングを狙ってきたのではないかとも思えるような飛行経路だったのです。

そして、オウムアムアのようなものの観測例は、他にありません。オウムアムアの軌道は、数多くある観測事例の中でも非常に特異なものなのです。

こういった事実が、「オウムアムアは人工物」という仮説につながりました。

この仮説には、不確実な部分が多々あります。もちろん、証拠があるわけでもありません。また、もしもオウムアムアが知的生命体による探査機だったら、電波が出ていると考えられます。

しかし、オウムアムアから電波は検出されませんでした（これについては、「オウムアムアは人工物の残骸の一部では」といった考えもありますが）。

現在は、この考え方は否定されています。それでも、これは人類に地球外知的生命体へ思いを馳せるきっかけを与えてくれた出来事でした。

ボリソフ彗星（中央）と、遠方にある銀河2MASX J10500165-0152029（左）の姿（2019年11月撮影）（NASA, ESA and D. Jewitt (UCLA)）

オウムアムアだけではない謎の飛来物

２０１９年8月にロシアのマルゴ天文台で発見された**ボリソフ彗星**も、軌道の観測から太陽系外からやってきた天体であることが分かっています（発見したボリソフ氏にちなんで命名されています）。

オウムアムアに続いて、史上2番目となる発見です。

こちらは、ガスを放出していることがはっきりと観測され、彗星であることが分かっています。

今後も、太陽系外からやってくる天体の観測は続くのでしょうか？

この宇宙をつくっている「ダークマター」の正体とは

存在は分かっているが正体は分からない

宇宙の観測を通して、宇宙空間には無数の天体があり、その間にはガスや塵が存在していることが分かってきました。

しかし、観測によって分かったのはそれだけではありません。宇宙には、私たちに見えている物質だけでは説明がつかない現象がいくつも見つかっています。そして、その現象は**「ダークマター」**の存在によって説明がつくというのです。

ダークマターは、私たちには見ることができない物質です。これは、可視光では見られないということではなく、電波・赤外線・紫外線・X線など**どのような光をもってしても一切見えない**ということです。

銀河団CL0024+17の周辺に存在するダークマターの「波紋」(外側の明るく見える部分)。重力レンズ効果から計算されたダークマターの分布を重ねたもの。(NASA, ESA, M.J. Jee and H. Ford (Johns Hopkins University))

さらに、ダークマターは私たちのまわりにあったとしても触れることすらできません。

そのようなものが宇宙全体に分布していて、しかも私たちが見たり触れたりできる**普通の物質の5倍ほどもある**というのです。

このようなものが存在することは分かってきたのですが、その正体は不明であることから「ダーク」と名付けられています。

一体、どのような観測からダークマターの存在に気づいたのでしょう?

銀河が高速で回転するのはダークマターのせい?

ダークマターの存在がなければうまく説明

アンドロメダ銀河（NASA/MSFC/Meteoroid Environment Office/Bill Cooke）

がつかない現象は、宇宙にたくさん見つかっています。ここでは、その代表例を紹介します。

地球から250万光年ほど離れたところには、**アンドロメダ銀河**があります。

1970年代、アメリカの天文学者ヴェラ・ルービンはアンドロメダ銀河の周囲を回転するガスの速度を測定しました。すると、**銀河の中心付近にあるガスも端の方にあるガスも、同じような速度で回転している**ことが分かったのです。

「だからどうした?」と思われるかもしれませんが、じつはこれは非常に不思議なことなのです。

たとえば、太陽系では、太陽から離れた惑星ほどゆっくりと公転しています。これは、惑星が太陽から離れるほど**太陽から引かれる**

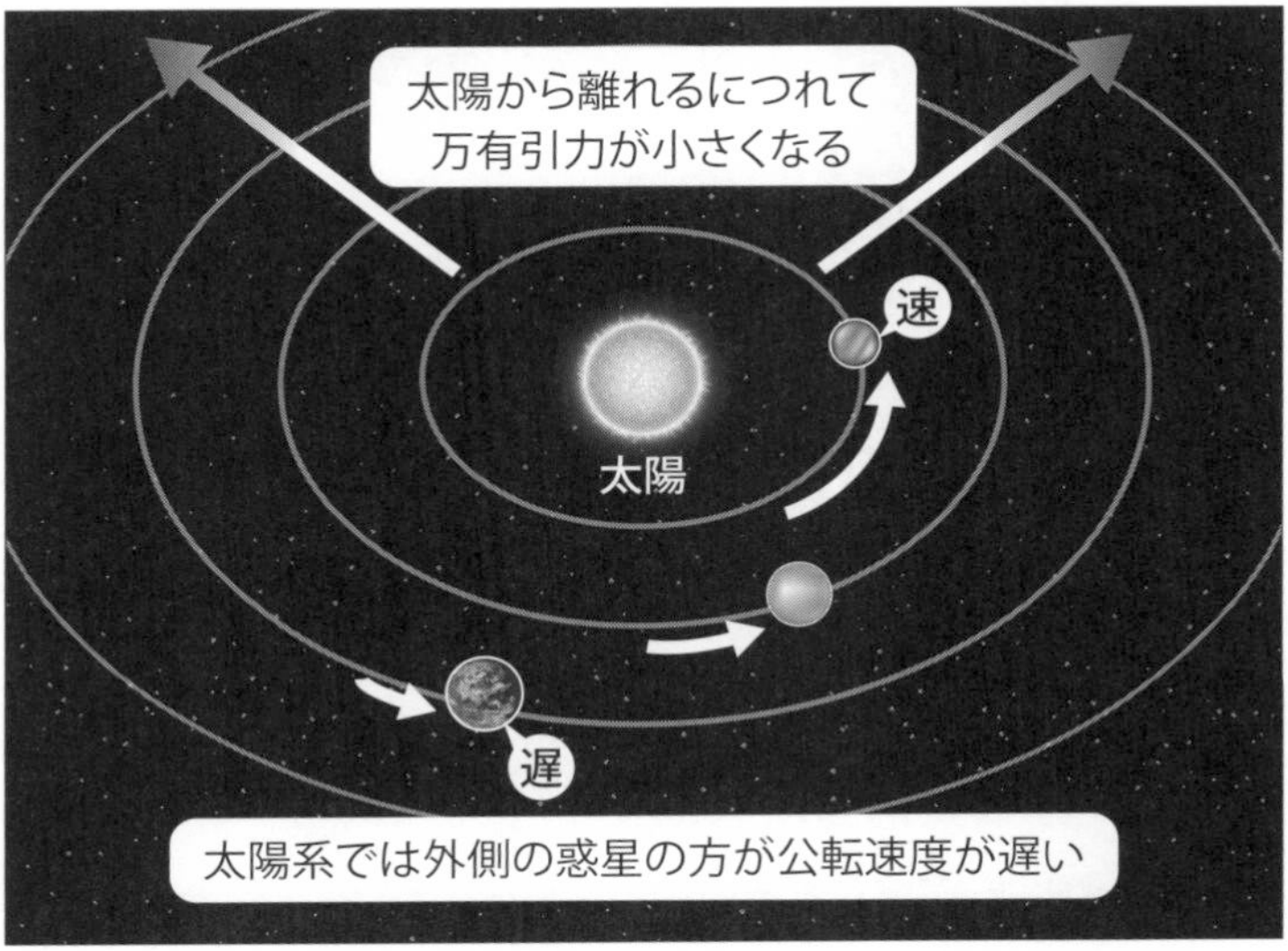
太陽から離れるにつれて
万有引力が小さくなる
速
太陽
遅
太陽系では外側の惑星の方が公転速度が遅い

力（万有引力）が小さくなるからです。

　太陽のまわりを公転する惑星には、遠心力がはたらきます。太陽から受ける万有引力と遠心力がつりあっていれば、惑星は一定の軌道を回り続けることができます。

　もしも遠心力の方が大きくなってしまったら、惑星は太陽から遠ざかっていってしまいます。外側の惑星は、公転速度が小さいために万有引力とつりあうように遠心力が小さくなっているのです。

　銀河においても、同じことが考えられます。アンドロメダ銀河の天体は中心付近に集中しています。これは太陽系に似た状態で、周囲を回るガスは中心に向かって万有引力を受けることになるのです。そして、万有引力と遠心力のつりあいを考えれば、中心から離れ

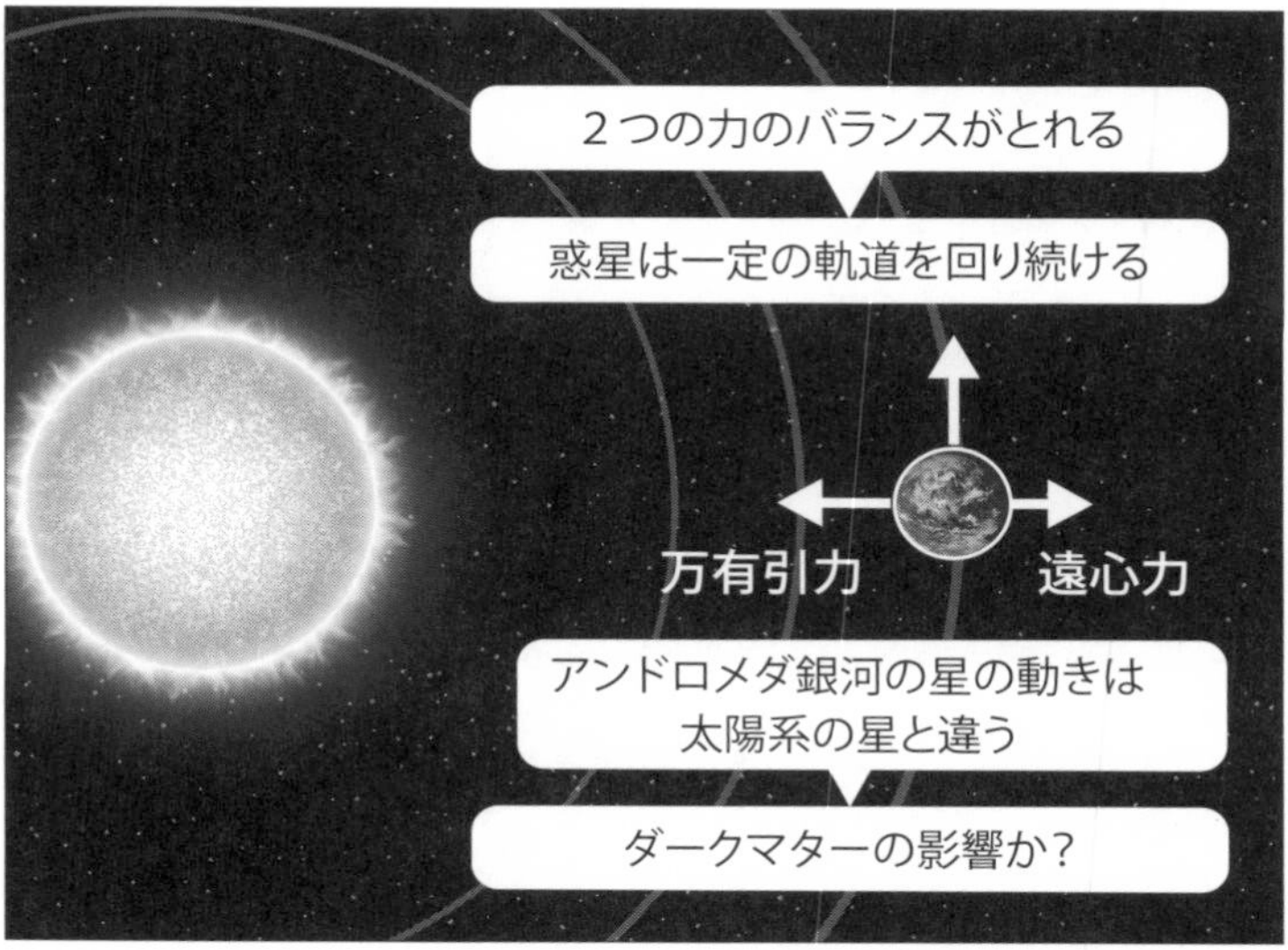
2つの力のバランスがとれる
惑星は一定の軌道を回り続ける
万有引力
遠心力
アンドロメダ銀河の星の動きは
太陽系の星と違う
ダークマターの影響か？

たガスほどゆっくり回転するはずなのです。

ところが、**観測結果はそうなっていない**ことを示しているのです。

ダークマターが分かれば いろんな現象の説明がつく

この現象を説明するには、ダークマターの存在が必要だと考えられています。

見たり触れたりできないダークマターですが、**ダークマターは質量を持っていて万有引力を及ぼす**とされています。ダークマターが、アンドロメダ銀河の中心だけでなく全体に分布して、回転するガスに万有引力を及ぼしているのです。

岐阜県飛騨市の神岡鉱山地下にある暗黒物質観測装置「ＸＭＡＳＳ」の検出器（写真提供：時事／東京大学宇宙線研究所　神岡宇宙素粒子研究施設提供）

そのおかげで、銀河の端の方にあるガスは遠心力によって銀河から引き離されることはなく、一定の軌道を回り続けていられるのです。

正体は解明されていませんが、宇宙にはダークマターがなければ説明がつかない現象がたくさん見つかっています。その正体が解明される日は、いつやってくるでしょうか。

なお、暗黒物質を検出しようという試みは、日本でも進んでいます。

ＸＭＡＳＳ《エックスマス》という暗黒物質検出器が、岐阜県飛騨市の神岡鉱山内に設置されて運用されています。この装置は、地下１０００メートルというとても深いところに設置されています。地上で発生する雑音の影響を極力減らして、暗黒物質を検出しやすくするためです。

宇宙の未来を決める？ダークエネルギー

ノーベル物理学賞に至った観測結果

前ページまで紹介した「ダークマター」とは別に、宇宙には**「ダークエネルギー」**というものも存在していることが分かってきています。

これは、宇宙空間を膨張させるエネルギーと考えられていますが、やはり正体不明であることから「ダーク」と命名されています。

宇宙についてのどのような観測から、このような存在が明らかになったのでしょう？

2011年のノーベル物理学賞は、**宇宙が加速度的に膨張している**ことを観測で示したソール・パールマター博士、ブライアン・シュミット博士、アダム・リース博士の3氏が受賞しました。

2011年のノーベル物理学賞を受賞した３人。左からアダム・リース博士、ソール・パールマター博士、ブライアン・シュミット博士。（写真提供：EPA＝時事）

この発見の意味を、少しだけ歴史を振り返りながら説明したいと思います。

宇宙が膨張していることの発見

1910年代、宇宙研究にとって大きな2つの発見がありました。

1つめはアメリカの天文学者ヘンリエッタ・スワン・リービットの発見です。

彼女は、「変光星（周期的に明るさが変化する恒星）の変光の周期」と「変光星の本当の明るさ」との間に相関があることを発見しました。

これにより、変光の周期を測定することで

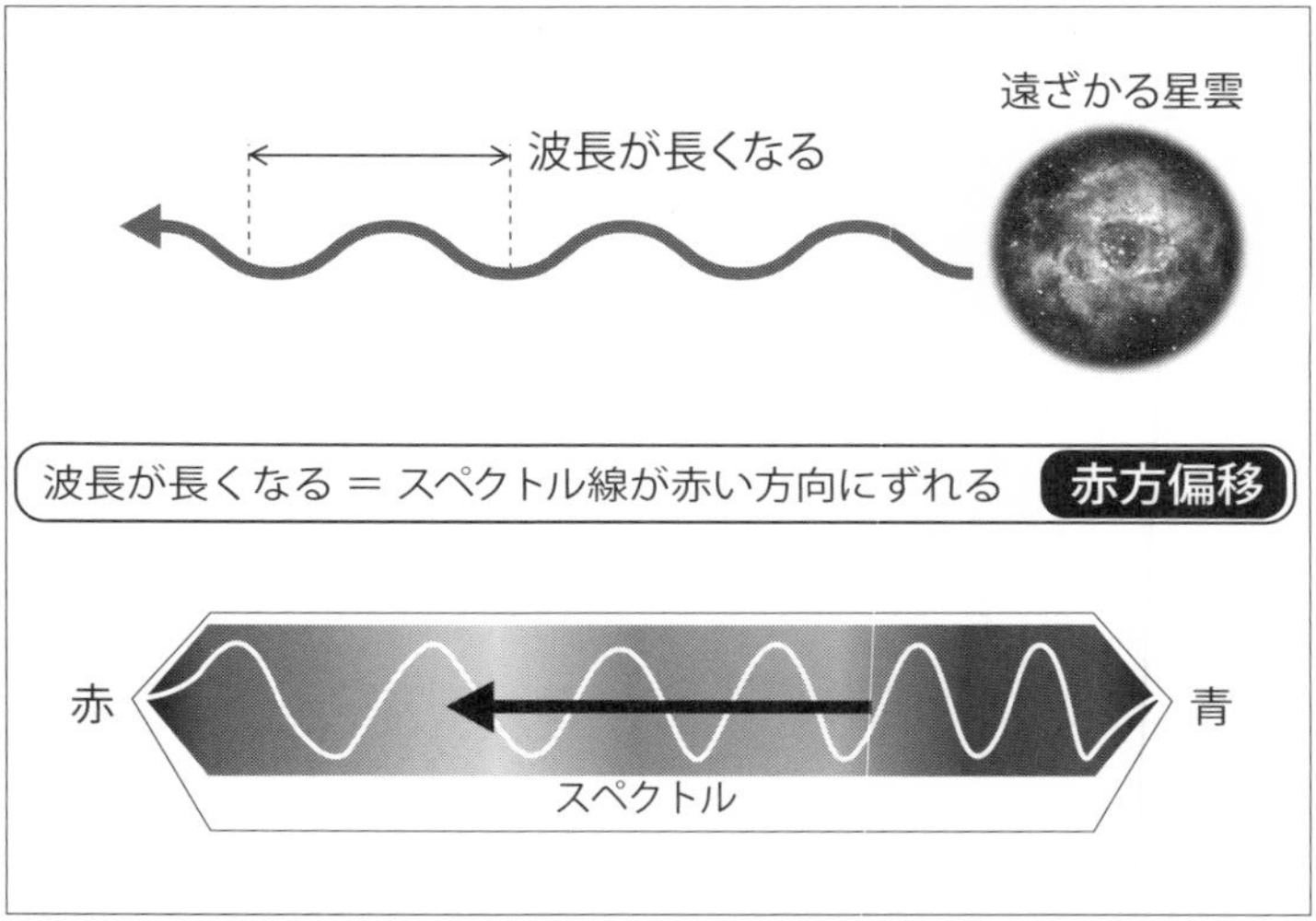

星雲の画像（©Francescodib and licensed for reuse under Creative Commons Licence）

その星の本当の明るさを知ることができるようになりました。

また、「見かけの明るさ」は距離によって変化します。具体的には、見かけの明るさは距離の2乗に反比例します。

これらのことを利用すると、見かけの明るさを測定し、変光の周期から求められる本当の明るさと比較することで、その星までの距離を知ることができるようになりました。

もう1つは、アメリカの天文学者ヴェスト・スライファーの発見です。彼は星雲から来る光が**「赤方偏移《せきほうへんい》」**していることを発見しました。「赤方偏移」とは、星雲から来る光の波長が長くなることです。地球から見て星雲が遠ざかっていくために、波長が伸びるのです。目に見える光の中で一番波長が長いのが赤色の光な

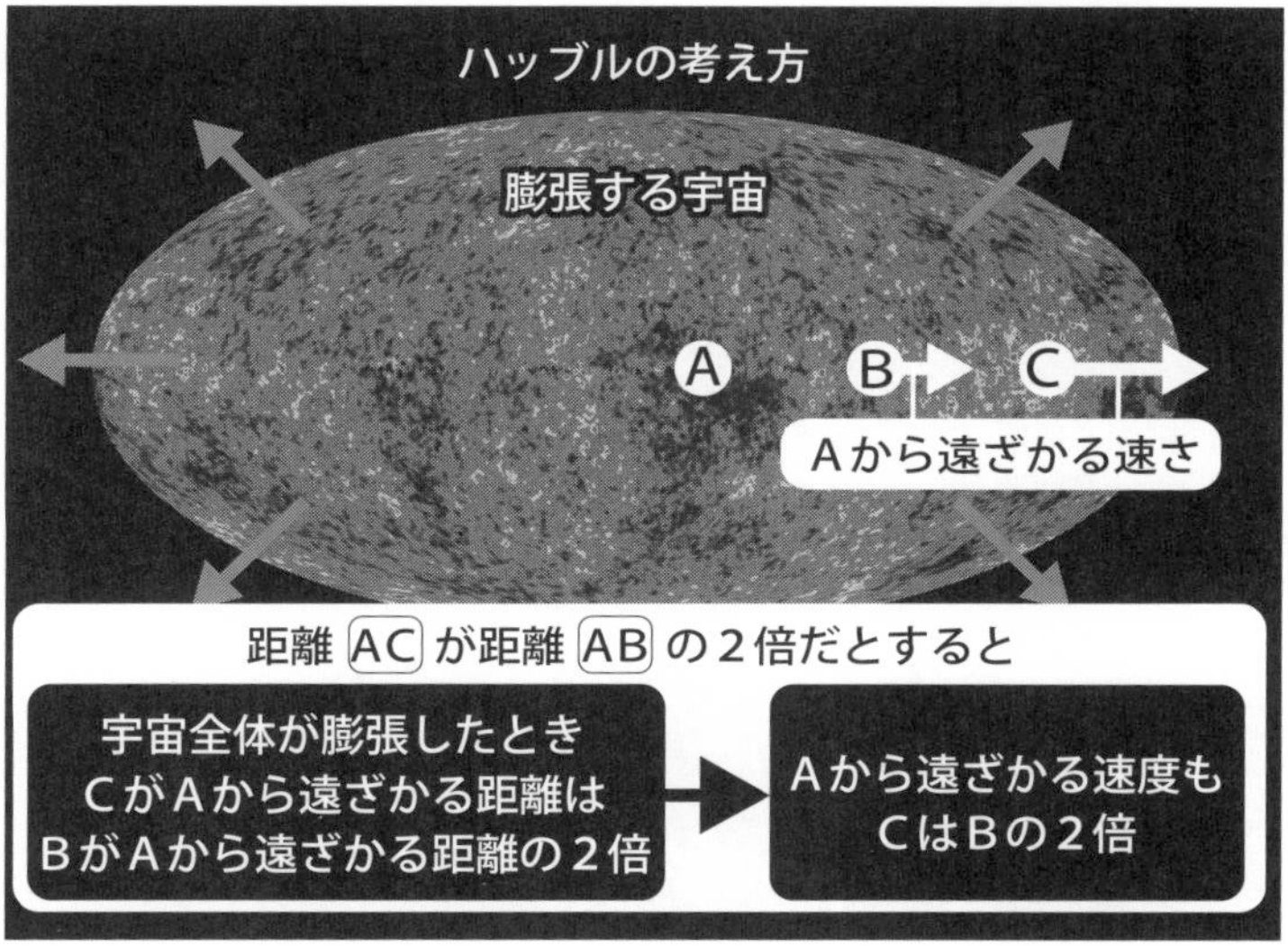
ハッブルの考え方
膨張する宇宙
A
B
C
Aから遠ざかる速さ
距離ACが距離ABの2倍だとすると
宇宙全体が膨張したとき
CがAから遠ざかる距離は
BがAから遠ざかる距離の2倍
Aから遠ざかる速度も
CはBの2倍

ので、波長が伸びることは「赤方偏移」と言われるのです。

赤方偏移の度合いを測定すれば、その星雲がどのくらいの速度で遠ざかっているかが分かるようになります。

この2つの発見を結び合わせ、多くの星雲について「距離」と「遠ざかる速度」の関係を調べたのがアメリカの天文学者**エドウィン・ハッブル**です。

そして、ハッブルは星雲までの**「距離」と「遠ざかる速度」は比例している**ことを発見しました。このことは、宇宙空間が一様に広がっていると考えれば説明がつきます（上の図のようになります）。

たとえば距離ACが距離ABの2倍だとすると、宇宙全体が膨張したとき、CがAから遠ざかる距離はBがAから遠ざかる距離の2倍となることが分かります。ということは、Aから遠ざかる速度もCはBの2倍ということになるのです。

　このようにしてハッブルは、宇宙が膨張していることを発見しました（1929年）。

宇宙が加速度的に膨張する不思議

　宇宙空間が広がっていくこと自体は、それほど不思議なこととは考えられていません。

　現在、宇宙は**「ビッグバン」**という大爆発によって生まれたのだと考えられています。ものすごく大きな初速によって宇宙はスタートしたのです。その勢いが現在も続いていて、膨張を続けているのだと考えることができます。

　ただし、宇宙に存在する物体の間には万有引力がはたらきます。それによって、宇宙の膨張にはブレーキがかかるはずです。これはちょうど、真上に向かって投げ上げたボールが重力のために減速するのと同じです。

　ところが、2011年にノーベル物理学賞を受賞した3氏は、宇宙が「減速しながら」ではなく**「加速しながら」膨張している**ことを発見したのです（発見は1998年）。非常に不思議な発見であることが理解していただけると思います。

　宇宙が加速度的に膨張することは、**Ⅰa《ワンエー》型超新星**の観測から発見されました。

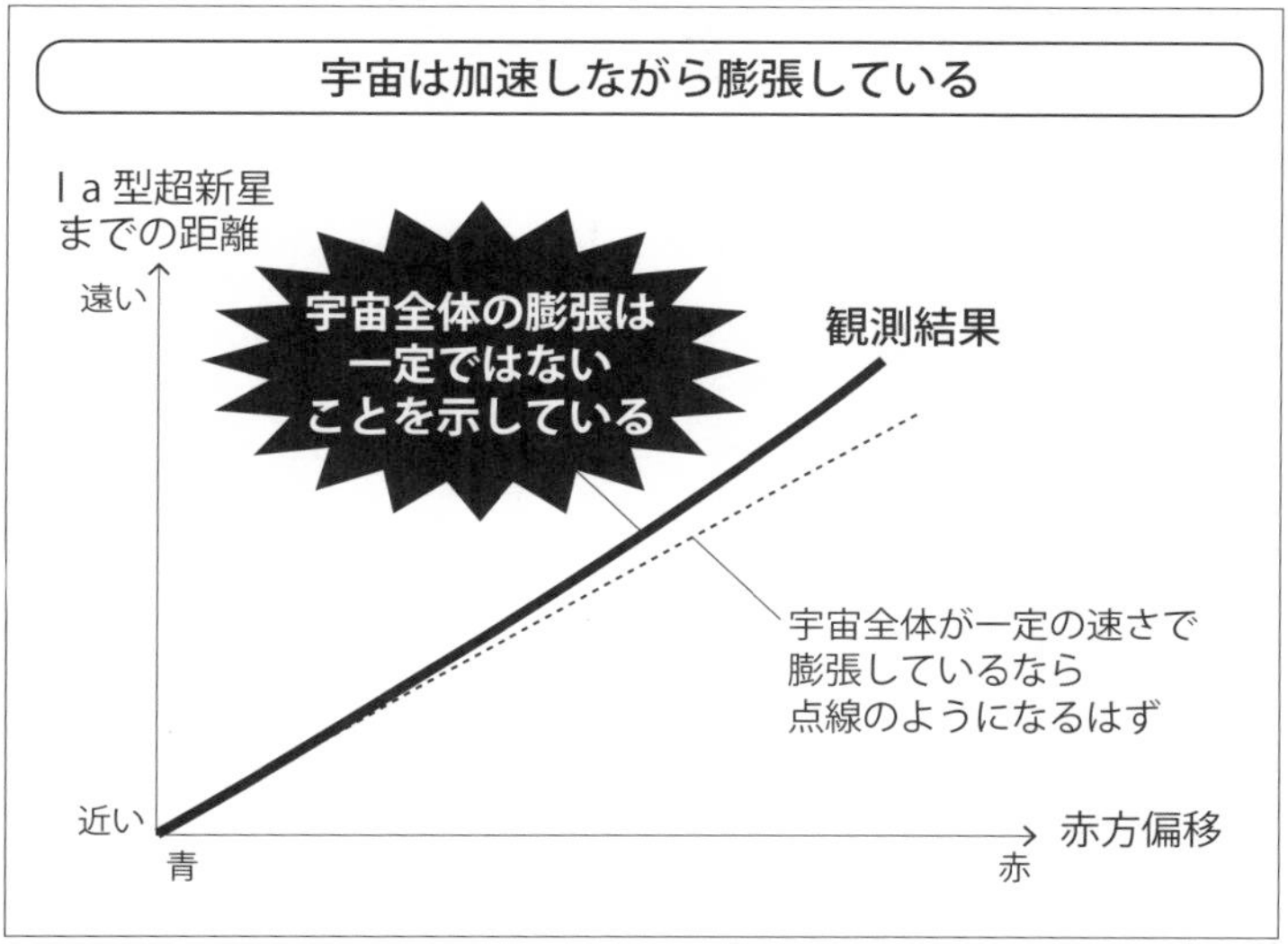
宇宙は加速しながら膨張している
Ⅰa型超新星
までの距離
遠い
近い
宇宙全体の膨張は
一定ではない
ことを示している
観測結果
宇宙全体が一定の速さで
膨張しているなら
点線のようになるはず
赤方偏移
青
赤

Ⅰa型超新星とは、太陽の1・4倍ほどの重さの星が起こす大爆発です。非常に明るく、90億光年先であっても観測できるほどです。

そして、Ⅰa型超新星は爆発を起こすときの重さがほぼ一定なため、爆発の明るさがほぼ一定なのです。そのため、見かけの明るさと比べることでその天体までの距離を正確に求められるのです。

Ⅰa型超新星の赤方偏移を調べた結果、上の図のような観測結果が得られました。

もしも、宇宙全体が一定の速さで膨張しているとしたら、赤方偏移の度合いはⅠa型超新星までの距離に比例するはずです（図の点線）。距離が離れているほど、超新星は速く遠ざかるからです。ところが、実際には比例関係からずれていたのです。

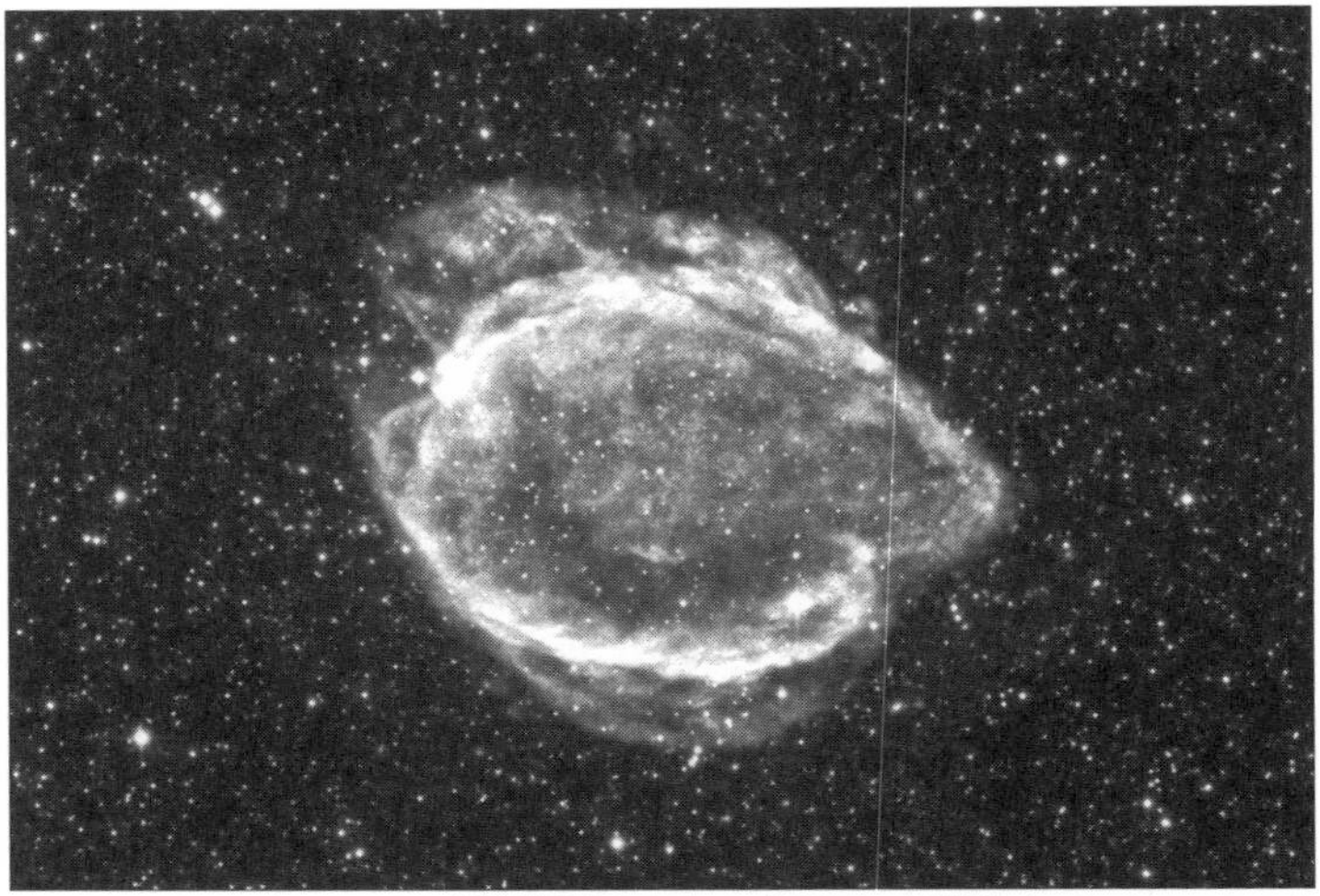
Ⅰa型超新星のひとつ「G299」の残骸（NASA/CXC/U.Texas）

この観測結果は、次のように解釈できます。

遠くの超新星ほど、その光が地球に届くのに時間がかかります。つまり、より昔の観測をしているのです。遠方（過去）であるほど赤方偏移が小さい方へずれているということは、**過去であればあるほど遠ざかる速度が小さかった**ことが分かるのです。

逆に言えば、現在に近づくにつれて遠ざかる速度が大きくなってきた、つまり宇宙の膨張速度が「加速している」ことが分かるということです。

宇宙を膨張させるエネルギーの正体は明らかになっていないため、**「ダークエネルギー」**と呼ばれています。

このようなものが存在することが分かってきたのですね

銀河が集団になった銀河団「エイベル68」の姿。なにもないように見える宇宙空間にもダークエネルギーが存在している。（NASA Hubble）

宇宙の未来はダークエネルギーが決める？

ダークエネルギーには、奇妙な性質があることが分かっています。**「広がっても薄まらない」**という性質です。

現在、宇宙空間は膨張を続けています。それにともなって宇宙空間に存在するダークエネルギーも薄まっていきそうです。しかし、**ダークエネルギーの密度は一定のまま変わらない**のです。

ダークエネルギーの正体は不明ですが、現在のところ「空間そのものが持つエネルギー」ではないかと考えられています。そのため、空間が広がっても同じ密度のまま存在するというのです。

つまり、ダークエネルギー**は宇宙の膨張に従ってどんどん増えていく**、非常に不思議なエネルギーと言えます。

今後もダークエネルギーの密度が一定を保ち続けるのかは、不明です。もしも一定であり続ければ、宇宙は加速度的な膨張を続けるでしょう。

そうしたら、銀河どうしは遠く離れ、銀河そのものも引き伸ばされるでしょう。星々はバラバラになり、さらには星という形も保たれなくなってしまうかもしれません。

最終的には、すべてが素粒子のレベルにまで散り散りになるときが来るのかもしれないと思うと、恐ろしい気分になります。

ただし、本当にそうなるかは分かりません。

ダークエネルギーの密度が下がることもありえます。その場合は、逆に宇宙が膨張から収縮に転じる可能性もあるのです。

そして、最期は宇宙全体が1点につぶれて終わりを迎えるかもしれない……。こちらもやはり、恐ろしい気分になってしまいますね。

ダークマターとダークエネルギーの関係

現在、すばる望遠鏡を使ったダークマターの観測が進んでいます。

ダークマターは光を発しませんが、**重力を及ぼします**。ダークマターの密度が大きい場合、重力は非常に強くなります。そのため、

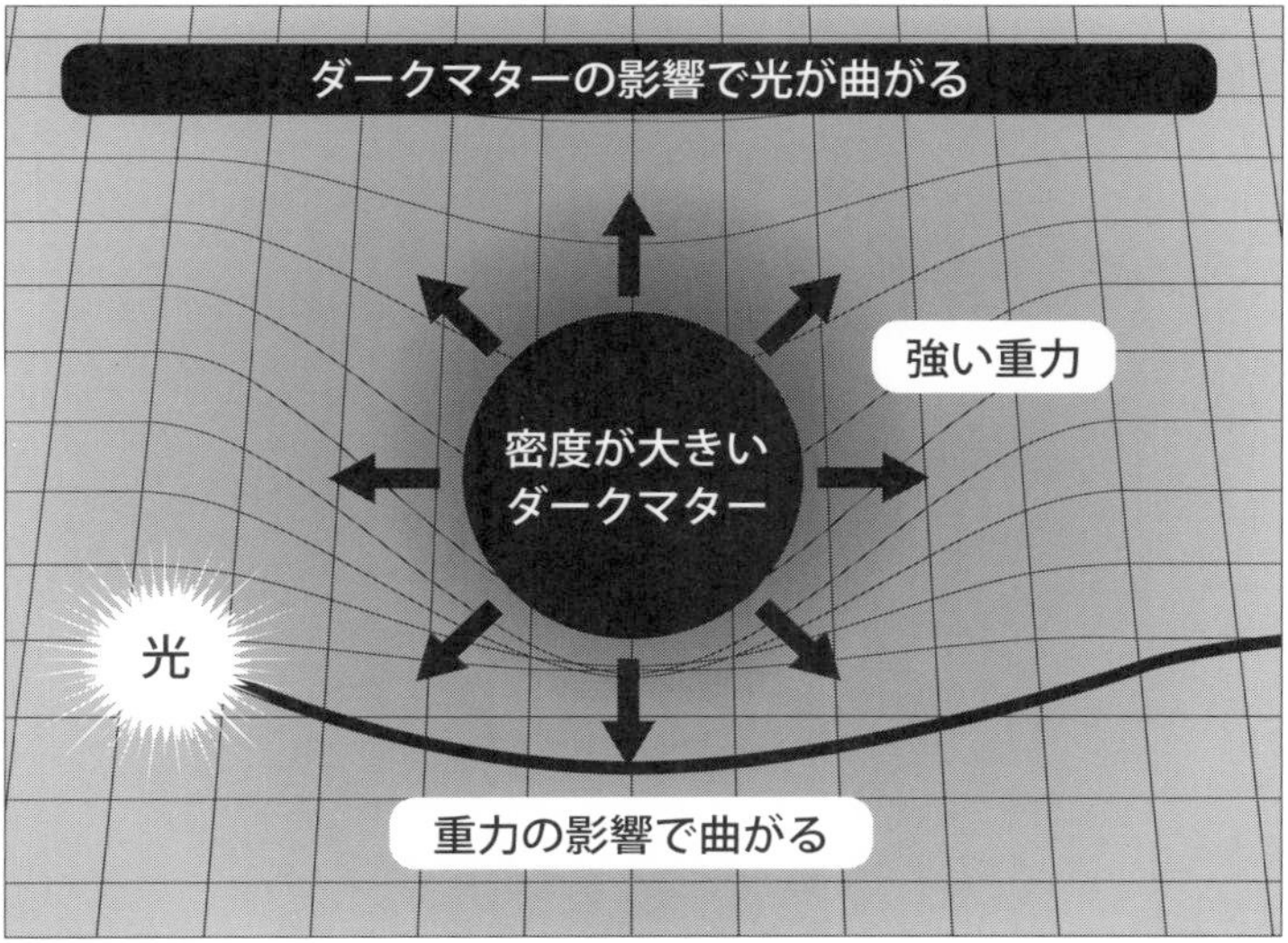

光でさえも曲げてしまうのです。

光の進路を観測することで、宇宙空間でのダークマターの濃淡（むら）が見えてきます。そのようなことが、解明されつつあります。

そして、宇宙空間でのダークマターの濃淡を調べることで、宇宙の膨張の歴史を知ることができます。宇宙が速く膨張すると、ダークマターの濃淡ができる前に引き伸ばされてしまいます。逆に、ゆっくり膨張しているときほど、濃淡ができやすくなります。

このように、**ダークマターの研究は宇宙膨張の歴史につながります**。そして、膨張の歴史からダークエネルギーの分量が推定できるようにもなるのです。

ダークマターを通したダークエネルギーの解明が、期待されています。

4章

私たちは宇宙へ行けるか

国際宇宙ステーションで進んでいる実験

各国が共同で運用している宇宙施設

宇宙開発は、国際競争の舞台ともなっています。その一方で、多くの国が連携して取り組んでいる宇宙開発もあります。**ＩＳＳ（国際宇宙ステーション）**はその代表例でしょう。

ＩＳＳは、地上約４００キロメートルのところを周回する人工衛星です。地球の半径はおよそ６４００キロメートルですから、宇宙からながめると地表に非常に近いところにいるのが分かります。

ＩＳＳは、約90分かけて地球を1周します。そこには各国から集まった宇宙飛行士が滞在し、実験などを行っています。

ＩＳＳは、アメリカ、ロシア、日本、カナダ、イギリス、フランスなど**各国が協力して運用**

国際宇宙ステーション（NASA）

しています。１９８０年代に構想が持ち上がり、１９９８年から軌道上で組み立てが開始されました。２０００年からは宇宙飛行士が滞在を始めましたが、すべてが完成したのは２０１１年です。

ＩＳＳには、日本の実験棟「きぼう」があります。また、ＩＳＳへの物資補給に日本の「こうのとり」という補給機が貢献しています。

そして、日本からはいままでに何人もの宇宙飛行士を送り込んでいます。

宇宙でしかできない実験が進行中

ＩＳＳの主な目的は、地上ではできない実

験を行うことです。

　宇宙空間は、無重力状態になっています。さらに、大気が防ぐため地上にはあまり届かない宇宙放射線も、大量に降り注いでいます。このように地上とはまったく異なる特殊な環境で、さまざまな実験が行われています。

　たとえば、長期間ＩＳＳに滞在する宇宙飛行士の身体にどのような変化が現れるか、データを取っています。これは、宇宙飛行士自身が実験台となった実験とも言えます。

　また、ＩＳＳの中に持ち込んだ物質が大量の放射線を浴びることでどのような変化が現れるか調べるといったことも行われています。

　さらには、ＩＳＳの中で植物を育てる実験もなされています。

　植物は、芽や茎は地面から上に、根は下に向かって伸ばします。これは、植物を横倒しにしたり逆さにしたりしても同じです。

　なぜ必ずこのようになるのかずっと疑問に思われてきましたが、18世紀頃には「重力の影響ではないか」という仮説が登場しました。つまり、**植物は重力を感じている**のだということです。

　重力に従って根を伸ばしていけば、水や栄養が多いところへ行きつきます。逆に、茎は上に伸ばせば葉に日光がたくさん当たって光合成ができます。植物は重力をたよりにこのような成長の仕方をしているのではないかと考えられたのです。

　この仮説が正しいかどうかは、無重力状態で植物を生育させて比較すれば分かります。しかし、地上にいる限りそれは困難です。

国際宇宙ステーションから撮影した「きぼう」。左先端部のメンテナンスが行われている。（NASA TV）

それが、ＩＳＳによって可能になりました。無重力状態で植物を育てられるようになったのです。

日本の実験棟「きぼう」では、キュウリを生育して観察しました。地上では、キュウリの根は下に向かって伸びます。ところが、宇宙空間ではキュウリの根は水分の多い方へと曲がっていくのです。

これは、次のように理解されています。キュウリの根の先端には、重力や水分の刺激を感じる細胞があります。ただし、地上では重力が強いために重力への反応が強く現れるため、根は下に伸びます。水分への反応は重力への反応に隠れて見えないのです。

無重力の宇宙空間を利用したからこそ、分かったことがあるのですね。

火星移住計画が進行している

本当にある火星への移住計画

人類は、長いこと地球で暮らしています。この先も地球で暮らし続けるのでしょうが、現在のような環境がいつまで続くかは分かりません。

２章で紹介したような、小惑星の衝突があるかもしれません。人類にとって危機的な状況が訪れるかもしれないのです。

そんな可能性を考え、地球以外にもわれわれが暮らせる場所を作ろうとする計画が、実際に進行中だといいます！

それは、**火星への移住計画**です。

火星は、地球にとって隣の惑星です。そして、固い地面があり、無人探査機による調査では地下に氷があることも分かっています。その

火星（ESA & MPS for OSIRIS Team MPS/UPD/LAM/IAA/RSSD/INTA/UPM/DASP/IDA, CC BY-SA 3.0 IGO）

ため、移住先として真面目に検討されているのです。

スペースXによる100人乗りの宇宙船計画

いろいろなところで火星への移住が構想されていますが、その中でも注目を浴びているのがアメリカの民間宇宙開発企業「スペース・エクスプロレーション・テクノロジーズ」（通称「**スペースX**」）によるものです。

2017年、スペースXを率いる**イーロン・マスク氏**は、2024年にも自社開発のロケットによって人を乗せた宇宙船を火星へ送る予定だと発表しました。

電気自動車メーカー「テスラ」のCEOとしても有名なマスク氏の発表に世界中が注目しましたが、本当にそんなことが可能なのでしょうか？

マスク氏の構想では、**直径9メートル、全長106メートル**にも及ぶ巨大なロケットを使って、**100人乗りの宇宙船**を火星へ送ります。

たとえば、日本の大型ロケット「H-ⅡA」でも直径は4メートル、全長は53メートルですから、いかに巨大なロケットを想定しているかが分かります。

このような方法で繰り返し人を送り、火星へ基地を建設するというのです。

地下の氷から水資源を確保し、発電設備も設置します。その他さまざまな環境を整え、40～100年後までに火星上に**100万人都市**を作り上げるという壮大な構想です。

コスト削減の具体的なアイデア

それにしても、遠く離れた火星へ人を送るのは容易ではありません。

火星は、もっとも接近したときでも地球から5800万キロメートルほども離れています（月までの距離の約160倍）。そのため、火星への人の移送は技術的には可能でも、莫大なコストがかかってしまいます。

スペースXの構想では、コストを下げる検討もされています。

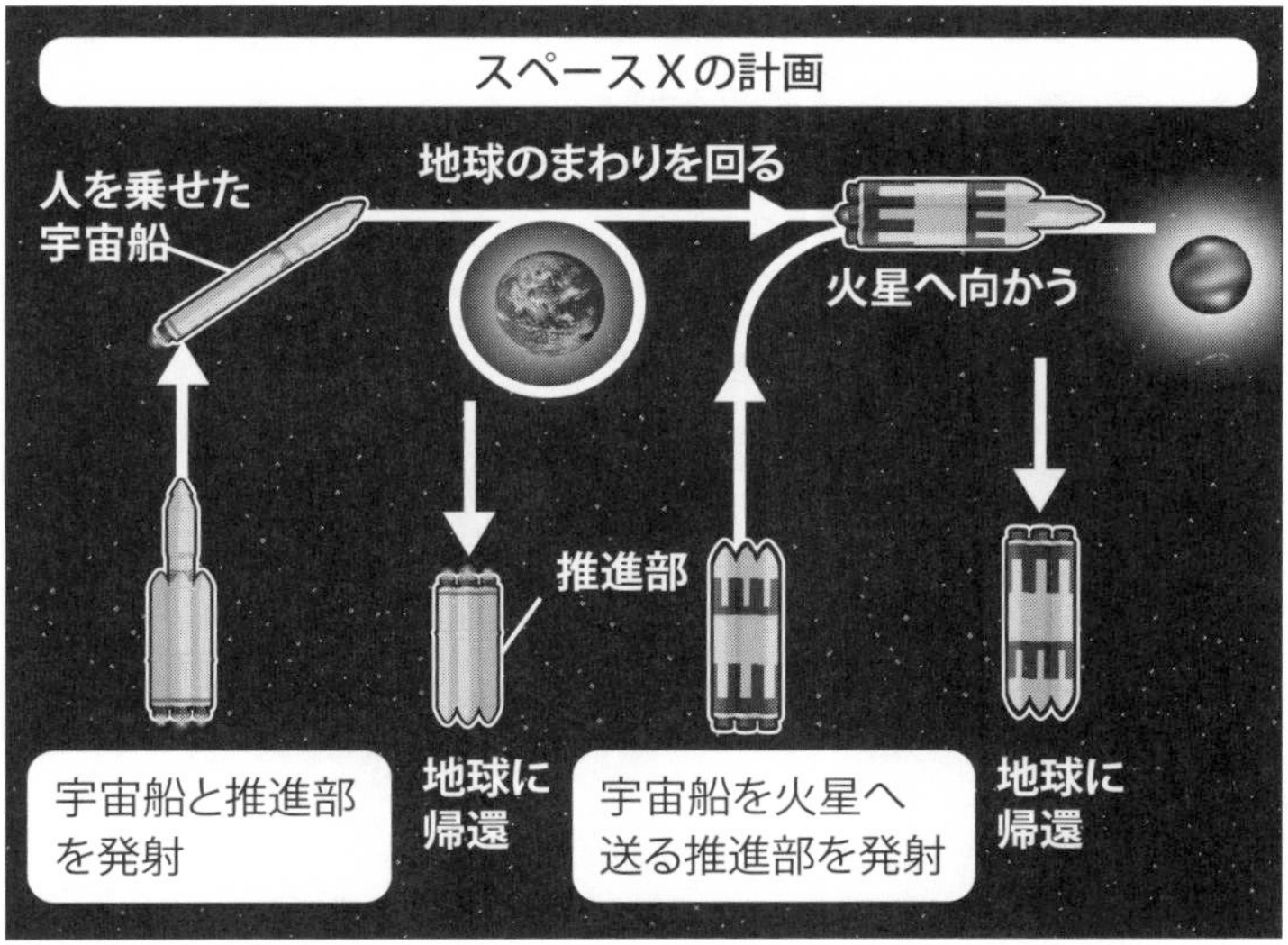

まずは、**ロケットの回収・再利用**です。火星へ人を送るたびに新しいロケットを準備するのでは、コストが高くなりすぎます。そこで、上の図のような方法をとります。

宇宙船を一気に火星へ向かわせるのは困難です。そこで、まずは地球を周回する軌道まで打ち上げ、さらに加速して火星へ向かわせるというように、2段階方式をとります。

このとき、宇宙船を宇宙へ運ぶための部分と、宇宙船を火星へ向かわせるための部分は、地球へ帰還させます。これらを再利用して、コストを下げるということです。

実際に、スペースXは2018年に電気自動車を火星へ向かう軌道へ送るというデモンストレーションに成功しています。

現時点で打ち上げ能力が世界最大である

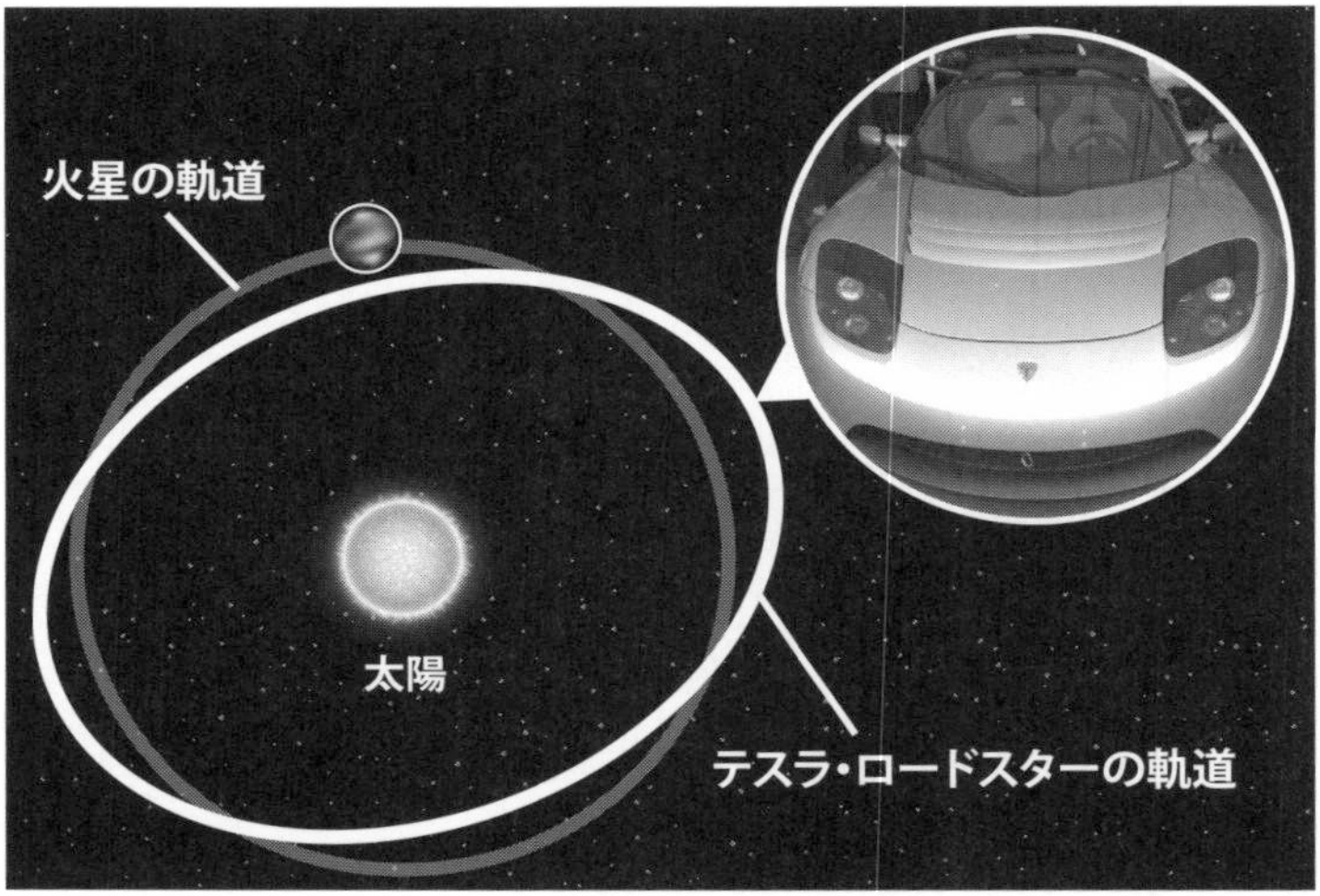

（画像：©Brian Snelson from Hockley, Essex, England）

ファルコンヘビーというロケットで、テスラ・ロードスターという電気自動車を打ち上げたのです。テスラ・ロードスターはファルコンヘビーから切り離され、現在も宇宙空間を飛行中です。

火星に向かう軌道を航行しても、タイミングが合わなければ火星へたどり着くことはありません。

２０１８年の打ち上げではタイミングをずらしたので、テスラ・ロードスターは火星の軌道を通り越し、太陽のまわりを楕円を描きながら回り続けます。

そして、このときテスラ・ロードスターを打ち上げたロケットも無事に回収されました。地上へ安全に着陸できるよう、燃料を噴射しながら減速して降り立ったのです。

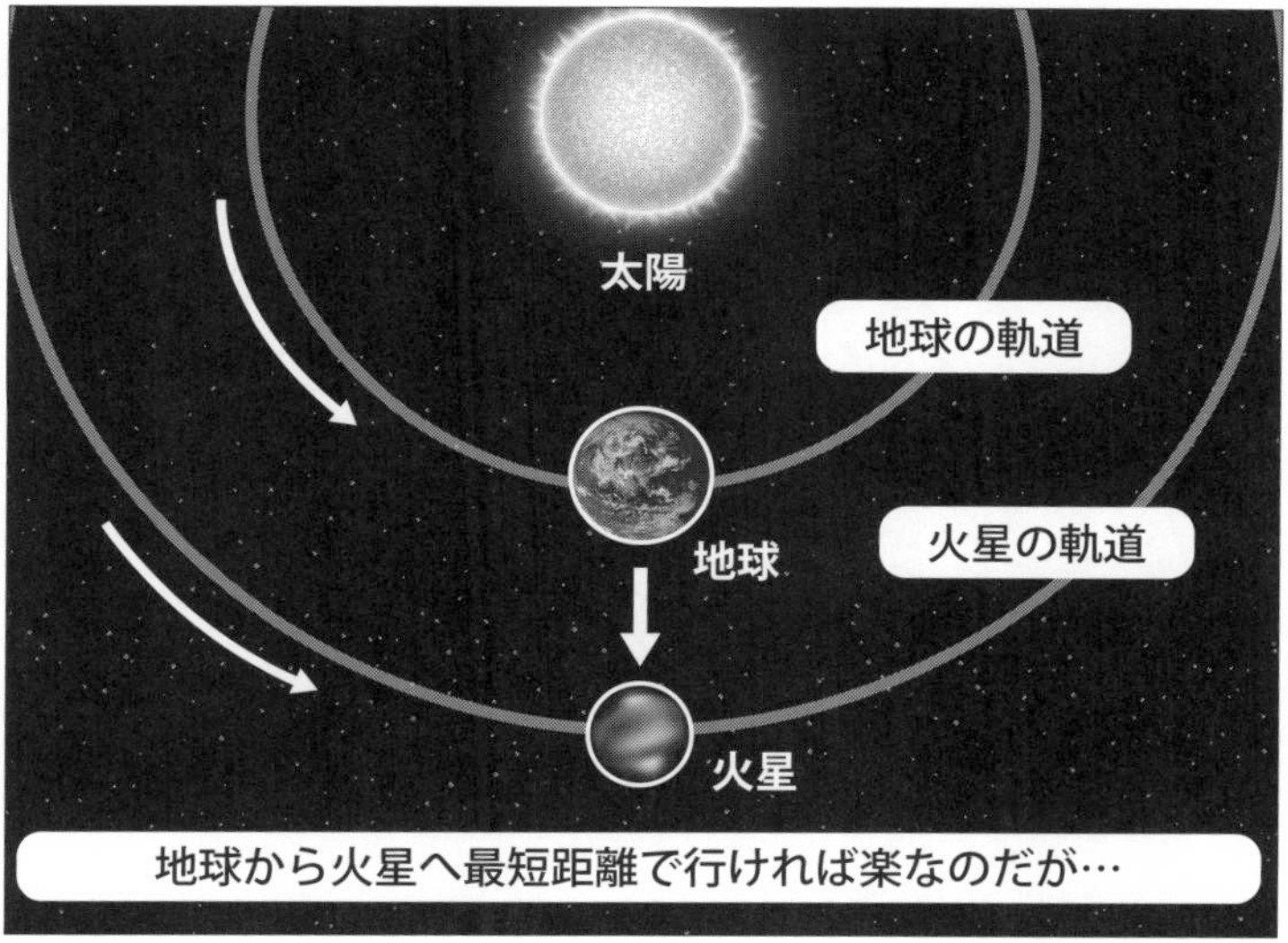

その様子は、ちょうど打ち上げの巻き戻しといったところです（171ページ参照）。

火星にたどりつくのは簡単ではない

地球は1年（365日）で太陽のまわりを1周しますが、太陽からより離れている火星は687日で1周します。そのため、地球から見た火星の位置は時期によってバラバラです。**宇宙船を送り出す最適なタイミング**を考える必要があるのです。

宇宙船を上図のような経路で進ませれば、航行距離は最短となります。しかし、じつはこれは容易ではないのです。それは、地球が

自転しているためです。

宇宙船は、地上から打ち上げられます。そのため、宇宙船はスタート時点で地球の自転と同じ速度を持っています。

宇宙船を地上面に対して垂直に打ち上げようとしたら、この速度に逆らわなければなりません。それには、膨大なエネルギーが必要となります。

そうであれば、逆に航行距離は長くなっても、この速度を利用した方がエネルギー的には有利です。つまり、宇宙船を次のように航行させるのです。

宇宙船は、**太陽からの引力**によって左図のような軌道を描きながら進んでいきます。つまり、航行中の燃料噴射が必要ないのです。最短距離の航行に比べて時間はかかりますが、燃料節約のためにはこの方が有利です。このような航路だと260日（約9ヶ月）ほどで火星へたどり着けます。

スペースXの計画では、これに近い軌道を想定しているようです。人が宇宙空間を航行する時間がより少なくて済むよう、途中で燃料噴射も行いながらより短距離の軌道を描き、3～6ヶ月での到着を目指します。

ただし、どのような経路をたどっても、宇宙船が火星軌道上へたどり着いたちょうどそのときに、そこに火星がなければ意味がありません。そのことを計算して打ち上げ日時を決める必要があります。

先ほど説明したように地球と火星とで公転周期が異なるため、そのようなタイミングは2年2ヶ月ごとに訪れることになります。

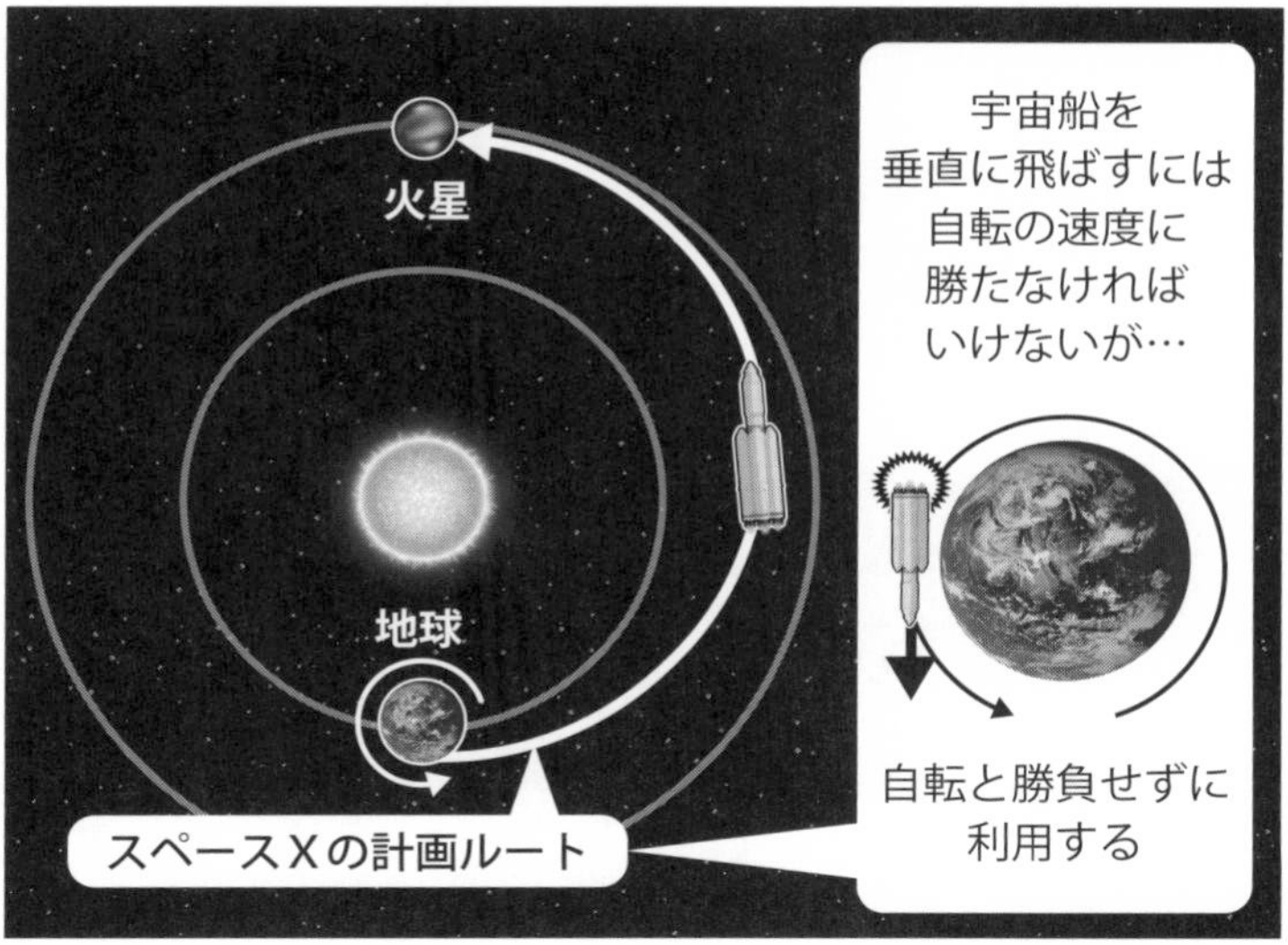
宇宙船を
垂直に飛ばすには
自転の速度に
勝たなければ
いけないが…
火星
地球
自転と勝負せずに
利用する
スペースXの計画ルート

人類は火星で生活できるか

ここまで、地球から火星へ人を送り込む方法についての構想を紹介してきました。火星まで大勢の人が航行するのは容易なことではありませんが、十分に可能性があることが分かっていただけたかと思います。

では、人類が火星へたどり着いた後、そこで生活していくことはできるのでしょうか？　地球とは異なる環境で暮らすのは、簡単ではないでしょう。

人類が生きていくためには、まずは**食糧**が必要です。地球から運ぶこともできるかもしれませんが、あまりに大変です。大勢の人が暮らすのなら、現地生産が不可欠です。

生物にあふれた地球の土には、窒素やリンといった養分が豊富に含まれています。そのため、食糧生産が可能です。

しかし、火星の土にはそのような養分がないことが分かっています。

その対策としては、たとえば微生物を運んで火星の土に混ぜ、窒素を固定させるということが考えられます。

あるいは、火星の大気の約3％を占める窒素を使って、窒素肥料を作るという方法もあるかもしれません。

また、生活のためには**電気**も必要でしょう。

火星での発電方法として現実的に考えられるのは、太陽光発電です。地球からソーラーパネルを運べばよさそうですが、大勢の生活を支えるには巨大なものが必要です。運搬に相当のコストがかかりそうです。

さらに、火星の大気は非常に薄く、大気の密度は地球の100分の1程度です。そのため、**呼吸装置**を身につけたり、空気を濃くした空間内で生活するといったことが必要になるでしょう。

そして、大気が薄いことは呼吸以外にも影響を与えます。**宇宙からの放射線**です。

宇宙空間では、非常に強力な放射線が飛び交っています。ただ、地球上にいるわれわれはそれをそのまま浴びることはありません。地球の大気が放射線をさえぎっているためです。

火星の大気では、宇宙からの放射線をしっかりさえぎることができません。ですので、

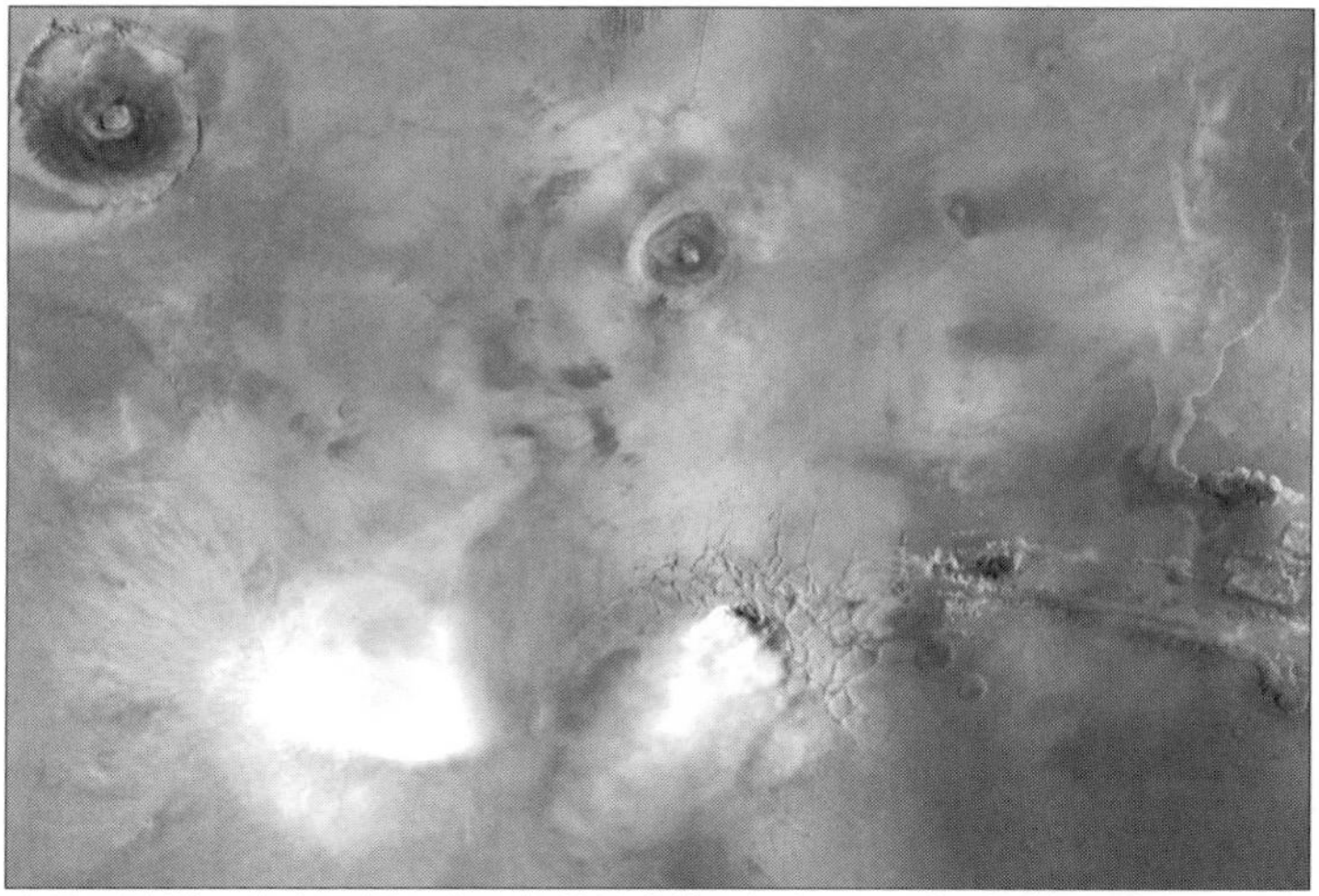

火星の砂嵐。中央下部の白い部分は「ダストタワー」と呼ばれる大気よりも高濃度の塵の雲。左下部の白い部分は水蒸気の雲。（NASA/JPL-Caltech/MSSS）

火星上では宇宙からの強力な放射線を浴びることになってしまいます。

じつは、地球で宇宙からの放射線をさえぎるはたらきをしているのは、大気だけではありません。地球には磁気があり、これも放射線から地球を守っています。

しかし、火星には磁気もありません。そのことも影響し、火星上では4～5日の間に、地球上での1年間分の放射線を浴びることになってしまうのです。

放射線の浴びすぎは、人体に悪影響を及ぼす危険があります。火星で暮らす場合、放射線をさえぎる建物の中で生活する必要がありそうです。

そして、火星では**砂嵐**が頻繁に起こることも、火星での生活を困難にしそうです。

火星では、6~8年に1度という頻度で砂嵐が発達し、数か月間も続くことがあるそうです。火星の大気は薄いので人や建物を吹き飛ばす力は弱そうですが、人が吸い込んでしまう、ソーラーパネルを覆《おお》って発電量が減る、機材の隙間に入り込んで故障させる、などの影響を与えそうです。

人類が火星で生活していくには、さまざまな困難を乗り越える必要がありそうです。

他にもある星間移住計画

ここまで、スペースXのマスク氏が構想している火星移住計画について紹介してきました。

じつは、発表されている火星移住計画は他にもあります。オランダの「マーズ・ワン」という民間団体が２０１２年に発表したものです。

この計画でも、やはり宇宙船によって人を火星へ送り込みます。２０３１年に最初の４人が向かう、という計画だそうです。

この計画の特徴は、火星へたどり着いた人は再び地球へ帰ることなく、火星に永住するということです。

相当な覚悟がいることですが、それにも関わらず世界中から20万人もの応募があったそうです。

なお、ＮＡＳＡ（アメリカ航空宇宙局）は、火星より先に、**月へ再び人類を送り込む**こと

建設が予定されている「ゲートウェイ」の想像図。左側に、こちらも建設が予定されているカプセル型宇宙船「オリオン」がドッキングしている。（NASA）

を計画しています。

「月軌道プラットフォームゲートウェイ」と呼ばれ、まずは**月を周回する宇宙ステーション**を作り、それを拠点に月の有人探査を行うというものです。そして、それを**火星の有人探査**へつなげていこうと構想しているようです。

アメリカのオバマ前大統領は、２０３０年代半ばまでに人類を火星周回軌道へ送るという構想を発表しました。そして、２０１７年にはトランプ現大統領も、アメリカが月へ人類を送り、さらに火星有人探査を進めるという大統領令に署名しています。

人類が火星で暮らす日が本当にやってくるのでしょうか？　これからの動きが非常に楽しみですね。

民間ロケットの実力

日本初の民間ロケット打ち上げ成功

２０１９年５月４日早朝、**MOMO（モモ）3号機**の打ち上げが成功しました。

これは、日本の民間企業であるインターステラテクノロジズが開発したロケットです。

日本の民間企業が単独で開発したロケットが、初めて宇宙空間へ達した瞬間でした。

ＭＯＭＯ３号機は、発射から４分後に最高高度１１３・４キロメートルに到達、その後計画通りに太平洋沖へ落下するのが確認されました。

ちなみに、「ＭＯＭＯ」という名前は、目標の打ち上げ高度１００キロメートルの「百《もも》」にちなんで命名されたものです。見事に、目標が達成されたというわけです。

上昇していくMOMO3号機（写真提供：朝日新聞社）

インターステラテクノロジズは、堀江貴文氏が出資したことでも有名になった企業で、設立は2013年です。20人ほどの少人数でロケット開発を進めてきました。

2017年に初号機、翌年に2号機を打ち上げましたが、いずれも失敗に終わりました。そして、背水の陣で臨んだ3回目の打ち上げに、見事に成功したのです。

日本のロケット開発は、**JAXA（宇宙航空研究開発機構）**が担ってきました。ロケット打ち上げには莫大な費用がかかり、1回あたり少なくとも数十億円は必要です。それに対して、MOMO3号機の打ち上げにかかった費用は数千万円だそうです。

インターステラテクノロジズは、たとえばホームセンターで材料を購入したり、自社工場で材料を加工するなど、従来の常識をくつがえすような方法で安価な打ち上げを実現しました。

人工衛星の需要の増加と技術の進歩

ロケットの目的は、**宇宙空間へ人工衛星を運ぶこと**です。いまでも多くの人工衛星が運用中ですが、人工衛星の需要は高まる一方です。

技術の進化とともに、たとえば道路の混雑状況を宇宙から監視してリアルタイムで発信したり、宇宙から農作物の育ち具合を調べたり、災害が起こった場合はその状況を把握したりと、人工衛星はさまざまな用途で活躍します。

これらを担う超小型衛星を打ち上げるため、民間企業によるロケット開発への期待は今後も高まることでしょう。

海外のロケット最新事情

なお、海外では以前から民間企業によるロケット打ち上げは行われてきました。特に、アメリカが先行しています。

前項でも紹介したアメリカの民間宇宙開発企業、通称**「スペースX」**は、低コストでロケットを打ち上げるという点でインターステラテ

宇宙から戻ってきたファルコンヘビーのサイドブースターが着陸する様子。スペースXはブースターの再利用を予定している。（写真提供：SPUTNIK/時事通信フォト）

クノロジズと共通しています。

２００２年に設立された同社は、今では年間に20機ほどものロケットを打ち上げています。

有名なのは、２０１０年に初めて打ち上げられた**ファルコン9**です。これは、ＩＳＳ（国際宇宙ステーション）への物資輸送に使われることも期待されているものです。

ファルコン9は中型のロケットですが、２０１９年４月には大型化したファルコンヘビーの商業打ち上げにも成功しています。サウジアラビアの通信用人工衛星を搭載し、見事に軌道へ乗せました。

そして、アメリカの民間企業による、一般の人を対象とした**宇宙旅行**も始まろうとしています。

宇宙エレベーターは実現するか？

宇宙へたどり着く新たな手段

現在、たくさんの人工衛星が地球のまわりを回っています。

人工衛星は、ロケットを使って打ち上げます。宇宙空間まで人工衛星を運ぶのですから、大量の燃料も必要となります。

ロケット打ち上げにかかる費用は膨大《ぼうだい》です。たとえば、日本のロケット「H-ⅡB」を使って上空３万６０００キロメートルの軌道へ物資を運ぶには、１キログラムあたり１３０万円以上かかるそうです。

また、ロケットの打ち上げには墜落や爆発の危険がともないます。**宇宙開発は、リスクと隣り合わせ**なのです。

さらに、大量のガスを噴射することは、大

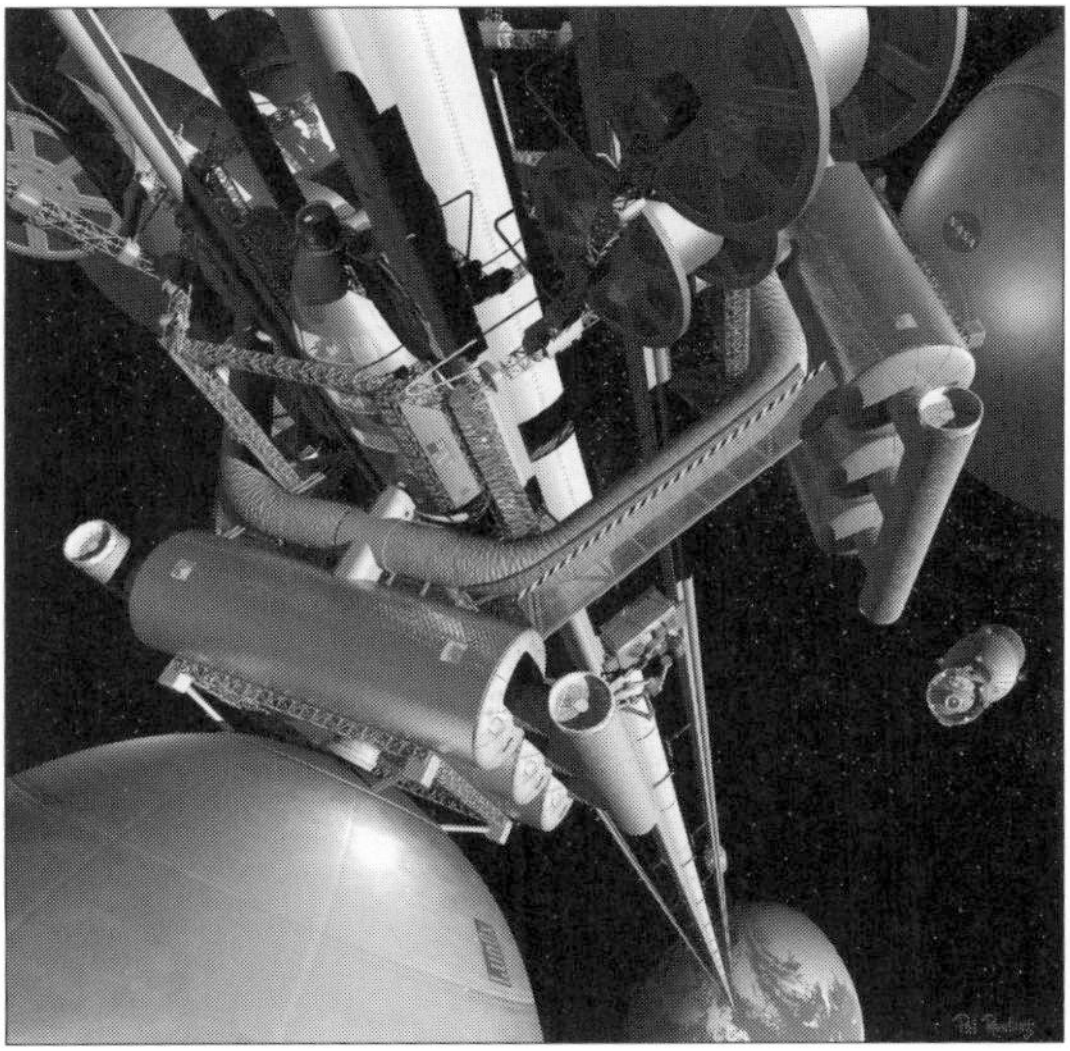

宇宙エレベーターのイメージ（NASA/Pat Rawlings）

気汚染にもつながります。

「宇宙エレベーター」は、これらのロケットに依存した宇宙開発の課題を解決してくれるかもしれない画期的な構想です！

一体、どのようなものなのでしょう？

常に同じ位置に見える人工衛星

人工衛星の周回高度は、さまざまです。その中で、**高度3万6000キロメートル**は特別なポジションです。

それは、この高度で周回する人工衛星はちょうど1日で地球のまわりを1周するからです。

つまり、高度3万6000キロメートルを周回する人工衛星は、**地上からはいつも同じ位置に見える**のです。そのため「静止衛星」と呼ばれ、いつでも同じところで通信や気象観測などを行うことができるのです。

さて、高度3万6000キロメートルを周回する人工衛星からケーブルを垂らすとしましょう。すると、人工衛星全体の重心が低い側（地球に近い側）へ移動してしまいます。このままではバランスを欠き、人工衛星は周回軌道から逸れて落下してしまいます。

そこで、地球とは反対側へも同時にケーブルを伸ばします。そうすれば**重心の位置が変わらず軌道が逸れることもなくなる**のです。

このようにバランスを取りながら、地上に到達するまでケーブルを伸ばします。すると、あたかも地上に3万6000キロメートルの高さのビルが建ったような状態が実現されるのです。

そして、このケーブルに昇降機を取りつけます。そうすれば、高度3万6000キロメートルまで人や物資を輸送できるようになるのです。

これで、宇宙エレベーターの完成です。

地球1周は約4万キロメートルですから、3万6000キロメートルのケーブルの長さが想像できると思います。

当然、これほどのものを建設するには膨大なコストがかかります。それでも、一度建設してしまえばその後はラクです。ロケットを使うのに比べて、はるかに低コストで人や物資を宇宙空間へ運べるようになるのです。

そして、ロケットのような墜落や爆発の危

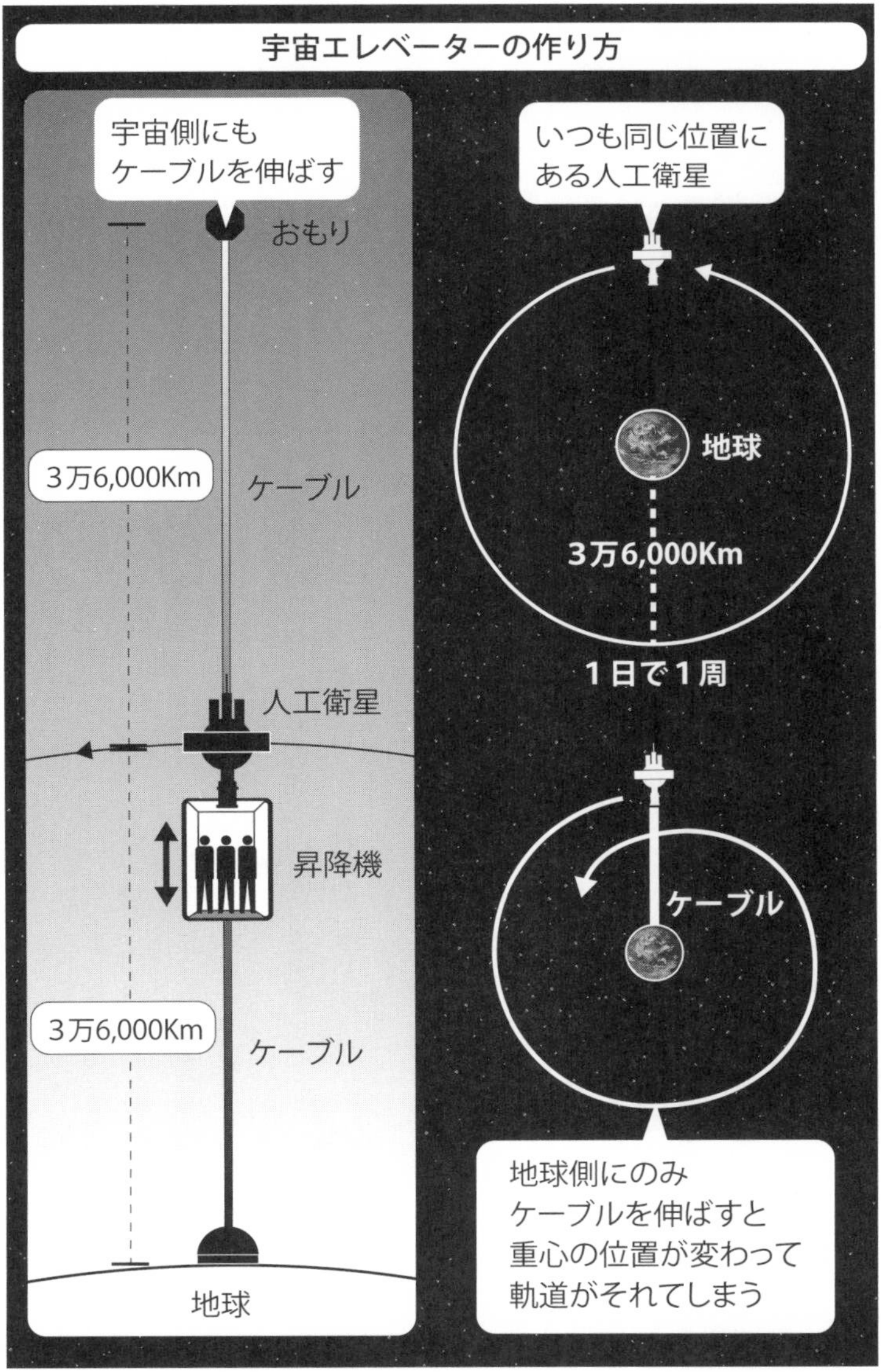
宇宙エレベーターの作り方
宇宙側にも
ケーブルを伸ばす
おもり
3万6,000Km
ケーブル
人工衛星
昇降機
3万6,000Km
ケーブル
地球
いつも同じ位置に
ある人工衛星
地球
3万6,000Km
1日で1周
ケーブル
地球側にのみ
ケーブルを伸ばすと
重心の位置が変わって
軌道がそれてしまう

険もありませんし、ガスを噴射して大気を汚染することもありません。

カーボンナノチューブの登場で実現に近づく？

宇宙エレベーターという構想の素晴らしさを感じていただけたと思います。

ただし、実現は簡単ではありません。課題が山積しています。

まずは、これほどの長さの宇宙エレベーターを建設するには、**軽さと強さを両立した素材**が必要です。宇宙エレベーターの構想は古くからありましたが、適切な素材は見つかっていませんでした。

それが、１９９１年に日本のＮＥＣの飯島博士が**カーボンナノチューブ**を発見したことで、状況が変わったのです。

カーボンナノチューブは、炭素原子が網の目のように結合して筒状になったものです。

もちろん、強度のあるカーボンナノチューブの量産などの研究が続けられているところですが、宇宙エレベーターの可能性を示してくれる素材であることは間違いありません。

宇宙エレベーターの実現には、他にも、

・太陽からの電磁波、放射線、熱の影響
・隕石衝突の危険
・落雷、ハリケーンなど気象現象の影響
・航空機追突事故の危険やテロの危険

など、課題を挙げればきりがありません。

それでも、そういったことを１つずつ克服

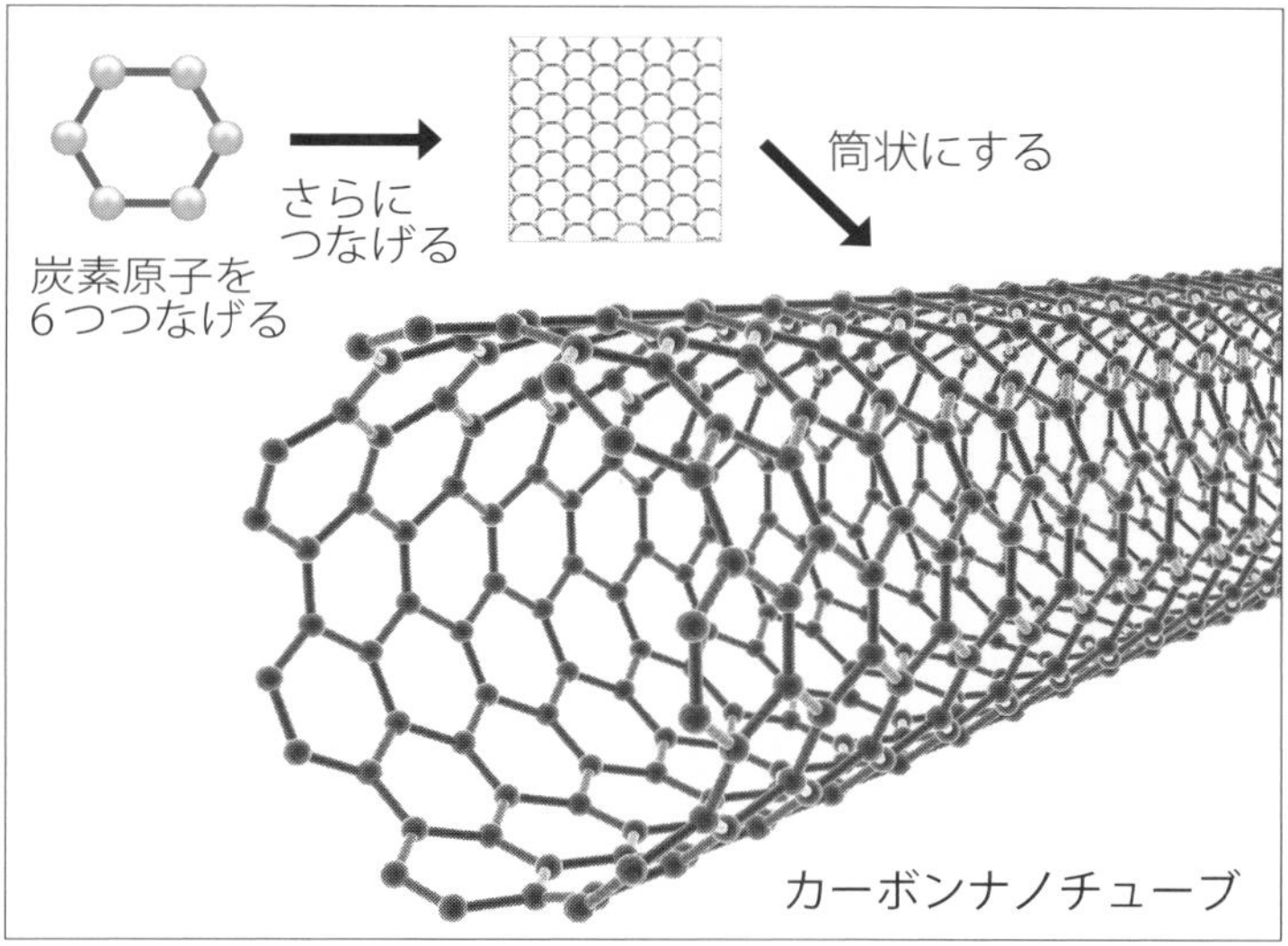

し、宇宙エレベーターが建設される未来が待っているかもしれません。

現在、ほとんどの人にとっては宇宙へ行くことは夢物語です。しかし、もし宇宙エレベーターができれば、宇宙旅行のハードルはかなり下がるでしょう。宇宙ホテルへの長期滞在、といったこともできるようになるかもしれません。

宇宙エレベーターがエネルギー問題を解決する？

人口増加が続く世界において、エネルギーをいかに確保するかは今後も課題となります。

じつは、もしも宇宙エレベーターが実現さ

れたらエネルギー問題も解決されるのではないか、と期待されています。**宇宙空間にソーラーパネルを運ぶ**という方法です。

現在、地上に降り注ぐ太陽光エネルギーを利用した**太陽光発電**が普及しています。

ただし、地上に到達する太陽光は大気圏を通過したものだけであり、通過できない太陽光の方がずっと多いのです。

宇宙空間でソーラーパネルを広げた場合、同じ面積のものを地上で広げるのに比べて5～10倍の太陽光のエネルギーを受け取ることができます。もしも宇宙空間で太陽光発電を行うことができたら、これだけ多くのエネルギーを得られるのです。

ロケットを使って、宇宙空間へソーラーパネルを打ち上げることもできるでしょう。しかし、それには膨大なコストがかかってしまいます。もしそれが、宇宙エレベーターで運べるようになったら簡単です。

そして、高度3万6０００キロメートルの位置にメガソーラーのようなものを建設できたら、かなりのエネルギーを得られることになります。この高さは地球の大きさ（直径約1万3０００キロメートル）に比べてずっと大きな値です。そのため、ここが地球の陰に隠れることはほとんどないのです。そして、この位置でソーラーパネルが常に太陽を向くように調整すれば、ほぼ1日中発電を続けられるのです。

宇宙エレベーターが完成したら、エネルギーを得る手段が大きく変わり、エネルギー問題が解決されるかもしれません。

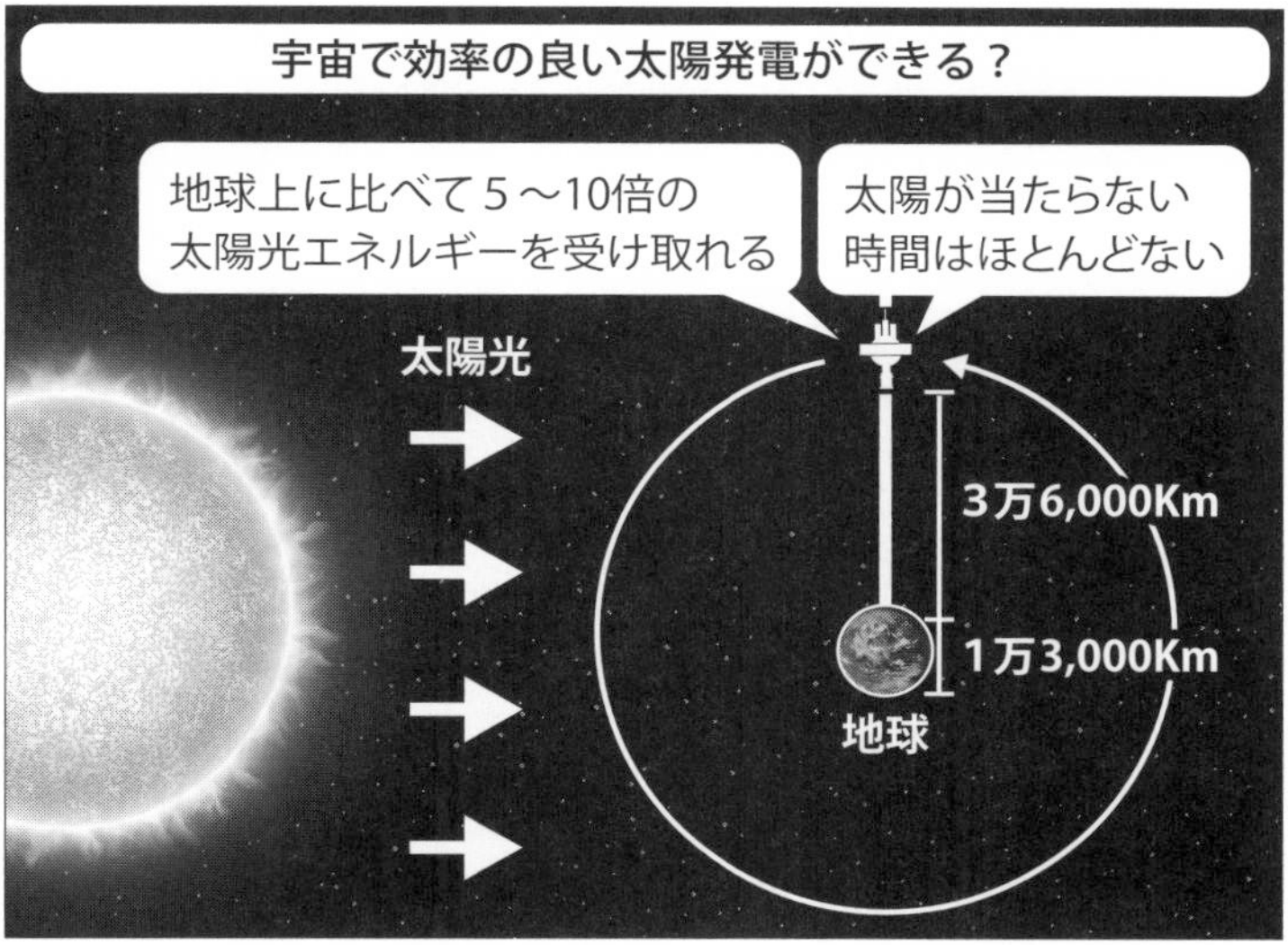
宇宙で効率の良い太陽発電ができる？
地球上に比べて５～10倍の
太陽光エネルギーを受け取れる
太陽が当たらない
時間はほとんどない
太陽光
3万6,000Km
1万3,000Km
地球

国際宇宙ステーションに設置されたソーラーパネル（NASA）

5章

地球外生命体はいるか

生命が生きられる星はあるのか？

すでに始まっている真剣な探索活動

「こんなに広大な宇宙で、われわれ地球人以外に生命はいないのだろうか？　どこか遠くの星に、きっと宇宙人がいるのではないだろうか？」

という思いを抱いたことがある人は多いと思います。広大な宇宙に思いを巡らせたとき、それはごく自然な感情と言えるかもしれません。

現在までのところ、宇宙人（地球外生命体）の存在は確認されていません。しかし、**地球外生命体を探す活動が、じつは真剣に行われているのです。**

この章では、地球外生命体探索の現状と今後について紹介します。

海底から熱水が吹き出ている熱水噴出孔。この近辺には特殊な生物が生息している。（©NOAA）

生命に必要な要素は3つ

まずは、生命が存在するためにはどのような環境が必要か、考えてみます。

生命が生きていくためには、重要な3要素があると言われています。

- **有機物**
- **エネルギー**
- **液体の水**

の3つです。

生物の身体は、タンパク質、脂質、糖質など「有機物」と言われるもので構成されています。有機物がなければ、生物が生まれることはないでしょう。

また、有機物の合成や分解には「エネルギー」が必要です。

そして、栄養素を溶かし込んで体内を移動させたり、生命活動に必要な物質どうしの化学反応を起こす場として、「液体の水」が欠かせません。

たとえば、地球の深海の底には**「熱水噴出孔」**と呼ばれる400℃近い熱水が噴き出す場所があります。太陽光も届かないところですが、熱水に含まれる水素や硫化水素をエネルギー源として生きている微生物が存在します。

代表例として**メタン生成菌**と呼ばれる微生物がいますが、これは水素と二酸化炭素から水とメタンを作り、そのときに生じるエネルギーを利用して生きているのです。

熱水噴出孔は、とても生物は生きられないだろうと思える過酷な環境です。それでも、「有機物」「エネルギー」「液体の水」という3要素が揃っているため、生命が生きているのです。

これほど過酷な環境でも生物が生きられるのなら、地球以外にも生命が存在するという考えが自然なものに思えてきます。

3要素を満たす星を探すことで、本当に生命の存在を見つけられるかもしれません。

液体の水が存在する可能性があるのは地球と火星

3要素の中でも、特に**「液体の水」**は限られた領域にある星にしか存在しないと考えられます。

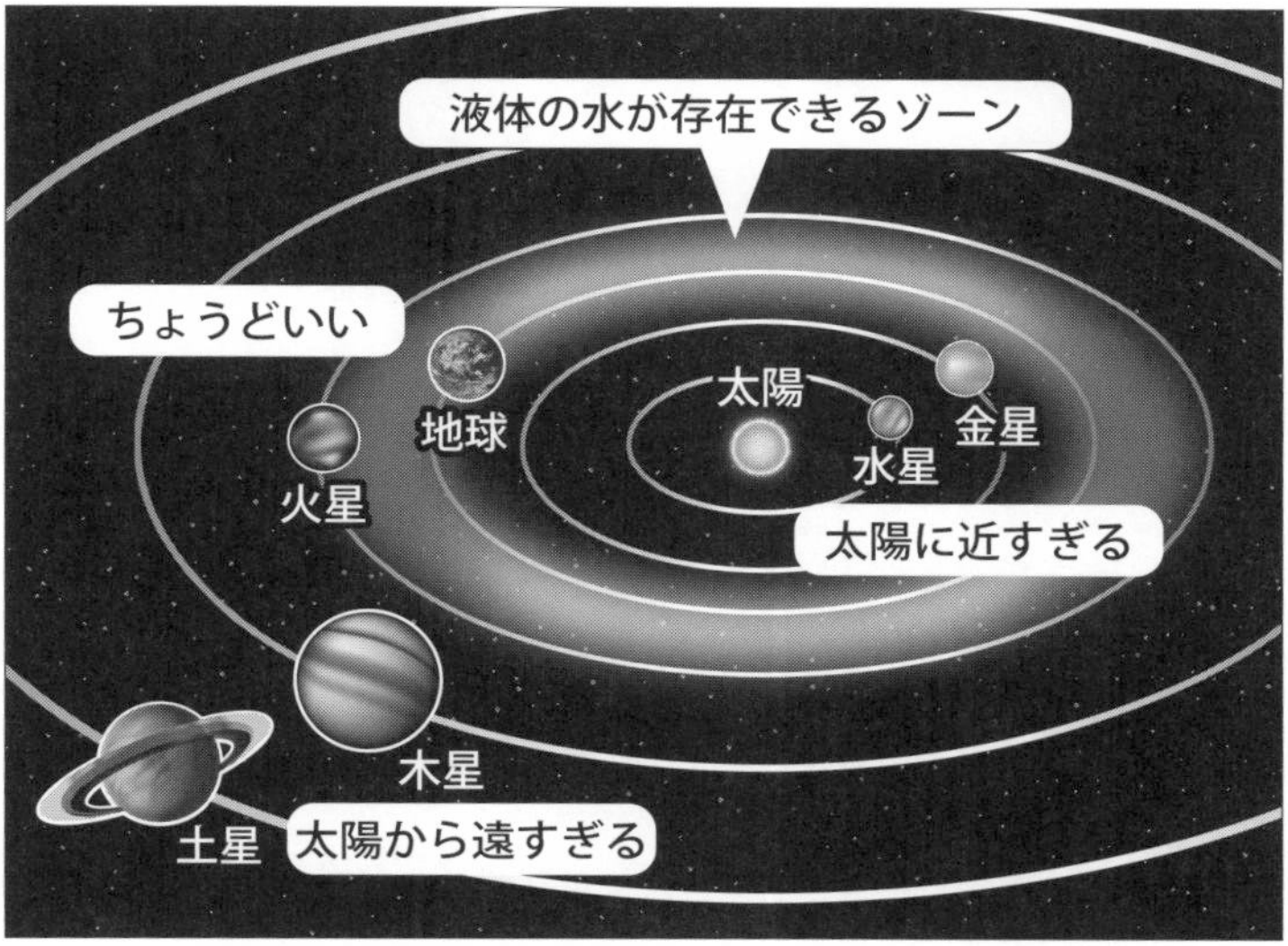

太陽系なら、太陽に近すぎると温度が高すぎて水はすべて蒸発してしまいます。逆に、太陽から遠すぎると温度が低くて水はすべて凍ってしまいます。

太陽系では、太陽から地球までの距離を1auとしたとき、太陽から0・9〜1・5au（太陽と地球の距離の0・9〜1・5倍）の範囲が水が存在できる領域と言われます。

該当する惑星は、**地球と火星**（ギリギリ）です。

金星はこの範囲よりも太陽の近くにあります。さらに、金星の大気圧は地球の90倍ほどもあり、大気のほとんどが二酸化炭素でできています。二酸化炭素の温室効果のため、金星の平均気温は500℃ほどもあるそうです。これでは、液体の水は存在できません。

火星にみられる水の存在の痕跡

液体の水の存在可能性という点から考えると、太陽系の惑星の中で生命の存在（過去も含めて）を期待できるのは火星ということになります。

実際に、火星へはいままで何度も探査機や探査車が送られて観測が行われています。

NASA（アメリカ航空宇宙局）は2011年に火星探査車キュリオシティを打ち上げ、2012年に火星への着陸に成功しました（92ページ参照）。

キュリオシティは、かつて火星に生命が存在したのではないかと思わせるさまざまな発見をしています。

たとえば、火星の地形を詳細に観測し、かつて水が流れていたと考えられる地形をいくつも見つけました。また、川の流れによって作られたと思われる小石も発見しました。

これらのことから、過去の火星は現在よりずっと温暖で、**大量の水が存在した**と考えられています。

さらに、かつて湖だったと考えられる場所の堆積物を分析し、**有機物が含まれている**ことを確認しました。これが生命に由来するものかどうかは不明ですが、非常に興味深い発見です。

他にも、熱水と岩石の反応でできる粘土鉱物も見つかっています。このことから、かつて存在した湖の底に熱水噴出孔があったので

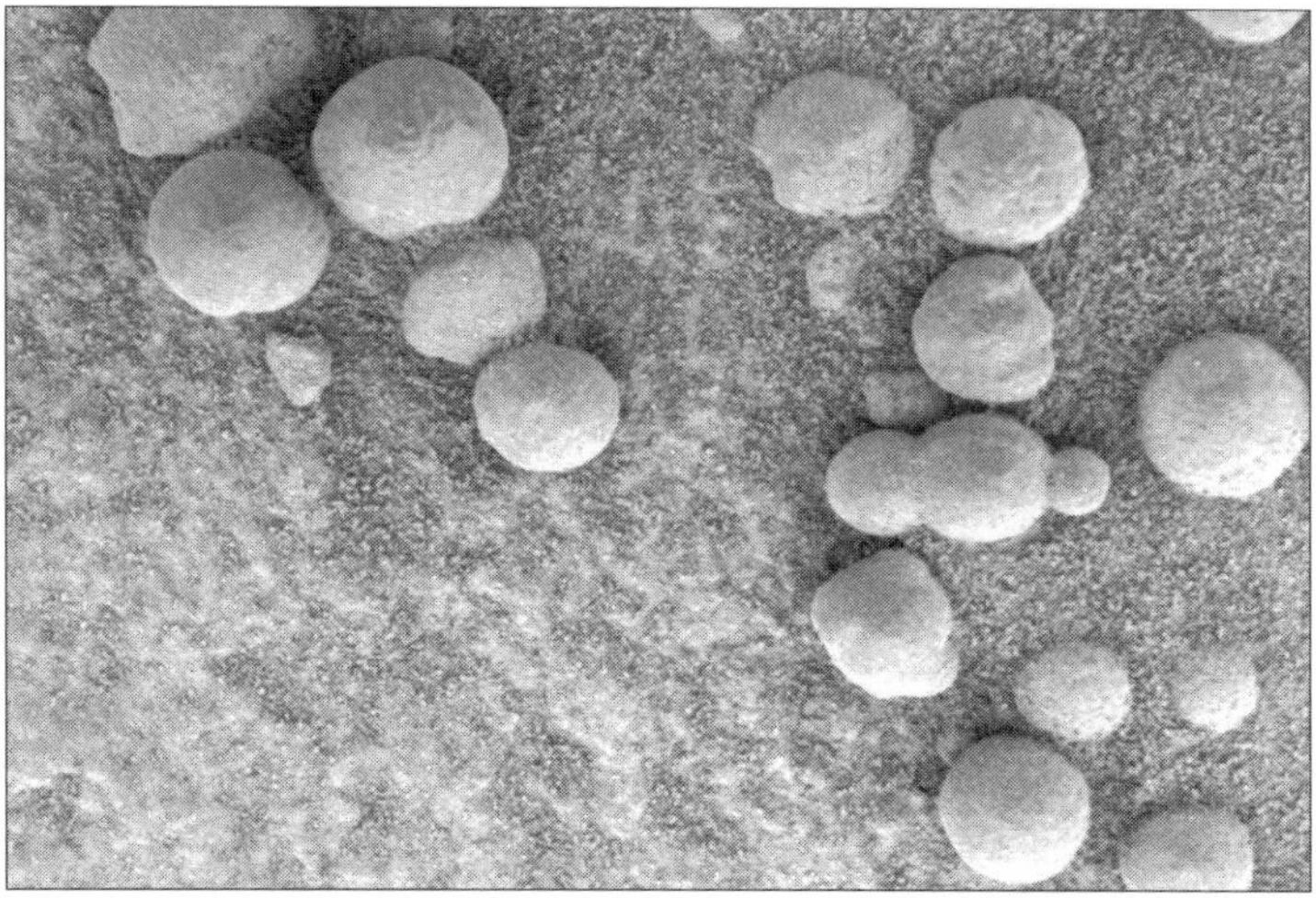

火星で発見された小石。水が存在している状況下で生成されることの多いヘマタイトという鉱石の一種が含まれている。（NASA/JPL/Cornell/USGS）

はないかとも考えられています。そうであれば、地球の熱水噴出孔と同じように微生物が誕生していたのかもしれません。

現在の火星には、地下に永久凍土のような形で水が残っていると考えられています。もしも、マグマなどに熱せられてその氷が融けているところがあれば、現在も微生物が生きているのかもしれません。

今後の探査に期待です！

木星の衛星タイタンに水はある？

火星以外の星はどうでしょう？

残念ながら、太陽系の惑星で火星以外に生

命の存在を期待できるものはありません。しかし、惑星のまわりを回っている衛星には生命存在の可能性があると考えられています。

　有力候補の1つが、2章でも紹介した**土星の衛星タイタン**です。

　タイタンは、太陽系内の衛星では木星の衛星ガニメデに次ぐ大きさであり、**大気を持つ唯一の衛星**です。

　NASAの土星探査機カッシーニに搭載された、ESA（ヨーロッパ宇宙機関）が開発した**小型探査機ホイヘンス**が、2005年にタイタンへの着陸に成功しました。

　そして、タイタンには**大小さまざまな海**が広がっていることを発見しました（85ページ参照）。

　ただし、タイタンは地球に比べて太陽からずっと遠くにあり、気温はマイナス180℃ほどです。水は存在するのですが、低温のためすべて凍っています。これが、タイタンの大地の主成分となっています。

　つまり、タイタンにある海が水でできているということは、ありえないということです。では、何でできているのでしょう？

　タイタンの海は、メタンでできていることが分かっています。大量のメタンが液体になって集まっているのです。

　メタンは、都市ガスとして利用されているガスです。つまり、地球の気温ではガス（気体）として存在する物質なのです。それが、タイタンのマイナス180℃という環境では液体として存在し、海を作っているというわけです。

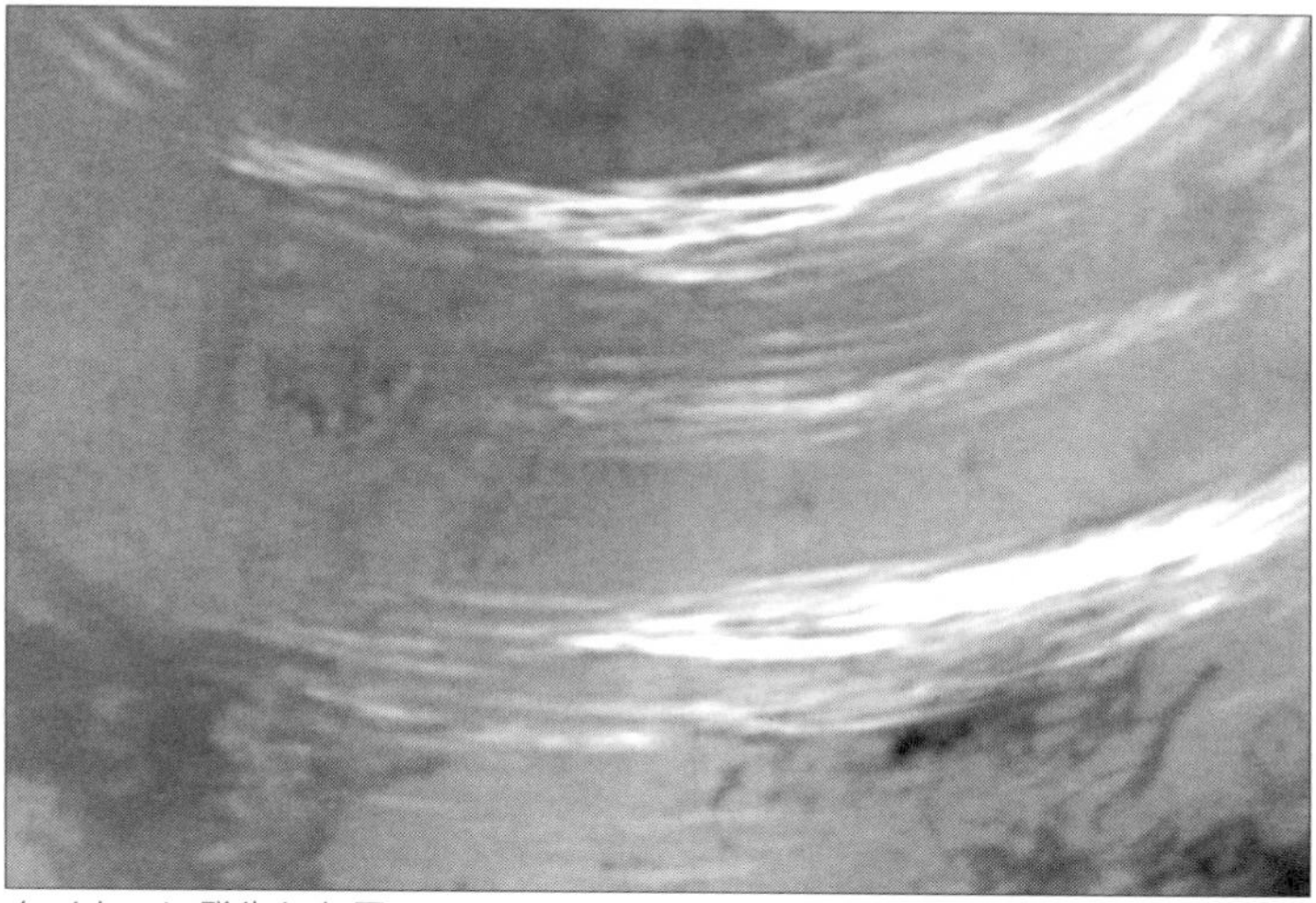

タイタンに発生した雲（NASA/JPL-Caltech/Space Science Institute）

メタン自体が有機物ですが、タイタンではメタンがもとになって他にもさまざまな有機物が作られていることも分かりました。

タイタンの大気の95〜97%は窒素で、2〜5%がメタンなのですが、ここへ宇宙からの放射線や太陽からの紫外線が飛び込むことで、化学反応が起こります。これによって、多様な有機物が生まれているのです。

２０１７年には、アクリロニトリルという有機物がタイタンの大気に大量に含まれていることが分かりました。

アクリロニトリルは、生命の身体を作る細胞の膜になることができます。もしかしたら、タイタンのどこかで実際に生命が誕生しているかもしれない、そんな期待を抱かせる発見だったのです。

木星の衛星エンケラドスに液体の水がある？

土星にはタイタン以外にもたくさんの衛星があります。その中で、いまとても注目されているのが**エンケラドス**です（86ページも参照）。

エンケラドスは全体が厚い氷で覆われているのですが、幾筋もの大きな割れ目があり、その一部からは**大量の水蒸気が噴き出しています。**

このことは、厚い氷の下に液体の水が存在することを示していると考えられています。

じつは、エンケラドスは土星のまわりを回りながらわずかに形がゆがんだり、もとに戻ったりということを繰り返しています。原因は、土星からの重力と、遠心力です。

変形が起こると内部で摩擦熱が生じます。これが、氷を融かしていると思われます。

土星探査機カッシーニは、エンケラドスから噴き出す水蒸気の中へ突入し、その成分を分析しました。

すると、ほとんどは水蒸気だったのですが、それに混じって何種類もの有機物が含まれていることが分かったのです。つまり、**エンケラドスの内部には豊富な有機物が存在する**のです。

このように、エンケラドスには「有機物」「エネルギー」「液体の水」という生命が生きていくために重要な3要素が揃っていることが分かりました。エンケラドスの内部で生命が誕生しているのではないかという期待が、強く

カッシーニが撮影した、エンケラドスの表面から水蒸気が吹き出す様子。
(NASA/JPL-Caltech/Space Science Institute)

持たれています。

太陽系には他にも、生命の存在が期待される衛星があります。

木星の衛星エウロパもその1つです。ここにも、氷の底が融けて液体の水が存在しているのではないかと考えられています。

NASA（アメリカ航空宇宙局）は2020年代にエウロパの探査機の打ち上げを計画しています。

ESAにも、エウロパなど氷で覆われた衛星を探査する計画があり、火星の探査車の打ち上げも予定しています。火星については、NASAもキュリオシティの後継機となる探査車の打ち上げを予定しています。

これからの探査によって、地球外生命体が見つかるかどうか、楽しみですね。

どんな方法で地球外生命体を探している？

広大な宇宙の中で一体どうすればいいのか

前項では、太陽系の中で地球外生命体を見つけようとする試みについて紹介しました。

しかし、太陽系は広大な宇宙のごくごく一部にすぎません。太陽系の外には、無数の天体が存在することが分かっています。だから、太陽系以外の惑星や衛星も次々に探査できたとしたら、地球外生命体はすぐに見つかるのかもしれません。

しかし、遠く離れた太陽系外の探査をするのは、容易ではありません。

そこで、直接訪れるのではなく、**遠くにいる生命体と電波を使って交信しようという試み**が実際に進んでいるのです。そんなことが可能なのでしょうか？

ブレイクスルー・リッスンを進行中のグリーンバンク望遠鏡（上）、パークス天文台（左上）、自動惑星検出望遠鏡（左）。
（左上：Ian Sutton ／左 ©Thomson200 and licensed for reuse under Creative Commons Licence）

進行中のブレイクスルー・リッスン

２０１６年、**「ブレイクスルー・リッスン」**という史上最大規模の宇宙人探しの計画がスタートしました。

これは、**世界中にある大型の電波望遠鏡が協力し、宇宙人が存在する証拠を探そう**というものです。

われわれ人類は、テレビ、携帯電話などのように電波を使って情報をやり取りするほど文明を発達させました。

もしも宇宙のどこかに私たちのように高度に発達した文明を持つ知的生命体がいるならば、きっと彼らも電波を通信に使っているの

2015 年に行われたブレイクスルー計画の会見の様子。ロシアのミルナー氏と物理学者ホーキング博士によって発表された。（画像提供：EPA ＝時事）

ではないか。そして、もしかしたら周囲の宇宙に向けてメッセージを発しているかもしれない。そんなことを期待して、宇宙人から送られる電波を受信しようというのが「ブレイクスルー・リッスン」なのです。

ブレイクスルー・リッスンでは、膨大なデータを得ることができます。そして、その中に**宇宙人からのメッセージ**が含まれているかを分析しなければなりません。

これを行うため、データを一般に公開しています。世界中の研究者の協力を得て、分析を行っているのです。

じつは、ブレイクスルー・リッスンのような宇宙人探しを、われわれ人類は１９６０年から行っているのです。その歴史の中で、興味深い発見もありました。

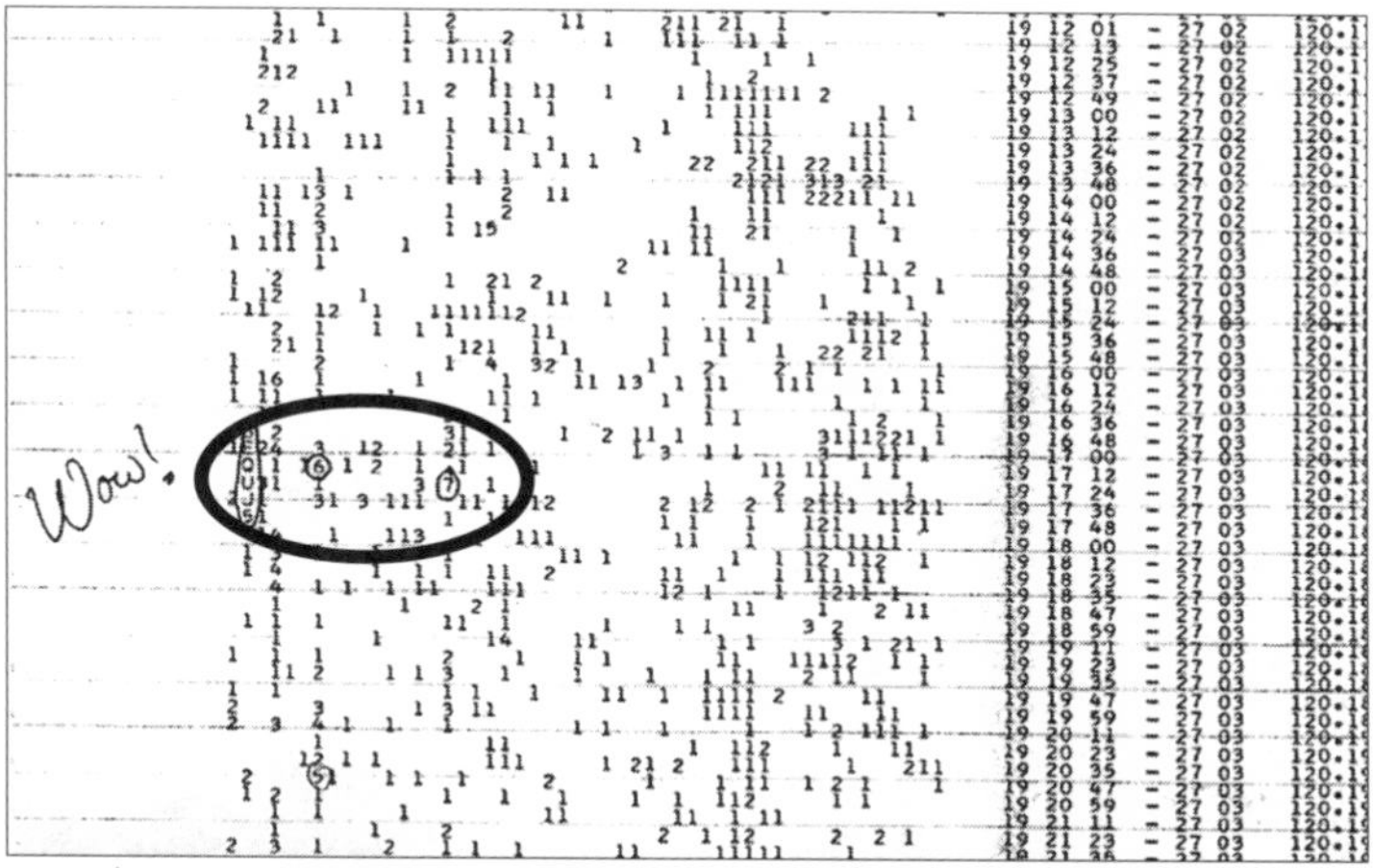

1977年に届いた強い電波を記録した用紙。丸で囲まれた箇所が強い信号を表す。これを見たジェリー・R・エーマンが書き込んだ「Wow! 」という落書きにならって「Wow! シグナル」と呼ばれる。（©NAAPO）

たとえば、1977年にはアメリカの電波望遠鏡ビッグ・イヤーの観測記録から、**宇宙の特定の方向から強い電波が72秒間送られてきていた**ことが分かりました。

自然現象によって発生する電波は普通、ある程度幅のある周波数を持っています。

しかし、72秒間観測されたのは非常に幅が狭い周波数でした。そのため、知的生命体から送られた電波なのではないかという期待が持たれたのです。

送られてきた電波の正体を探るべく、その後も追観測が行われました。いろいろな望遠鏡を、72秒間電波を観測したときと同じ方向に向けたのです。しかし、同様の電波を受信することはできませんでした。この出来事については、現在でも議論が続いています。

核廃棄物が生命体を発見する鍵になるかもしれない？

宇宙人捜しは、電波観測以外の方法でも行われています。

たとえば、**レーザー光の観測**です。宇宙人が外へ向かってメッセージを発する場合、電波を使うとは限りません。

じつは、可視光（人間の眼で見える光）は電波よりもずっと多くの情報を送ることができます。ですので、宇宙人は可視光を拡散しないレーザー光にして発信しているかもしれないと考えられるのです。

宇宙人が廃棄した核のゴミの痕跡を見つけよう、という試みもあります。

これは、「宇宙に知的生命体が存在するならば、きっとわれわれと同じように原子力を利用するのではないか。もしそうであれば、必ず**核廃棄物**が発生するはずだ。そして、もしもわれわれより優れた技術を持っていれば、きっとその核廃棄物を恒星（地球でいえば太陽）に捨てるだろう」という考えによるものです。長い期間放射能を持ち続けるものを管理し続けるより、宇宙へ出してしまう方が楽だというわけです。

そのようなことがあれば、**恒星から放たれる光**に変化が生じます。その変化を観測することで、知的生命体の存在を確認しようというのです。

さらに、「文明が発達した知的生命体ならば、たとえば恒星のまわりをソーラーパネルのよ

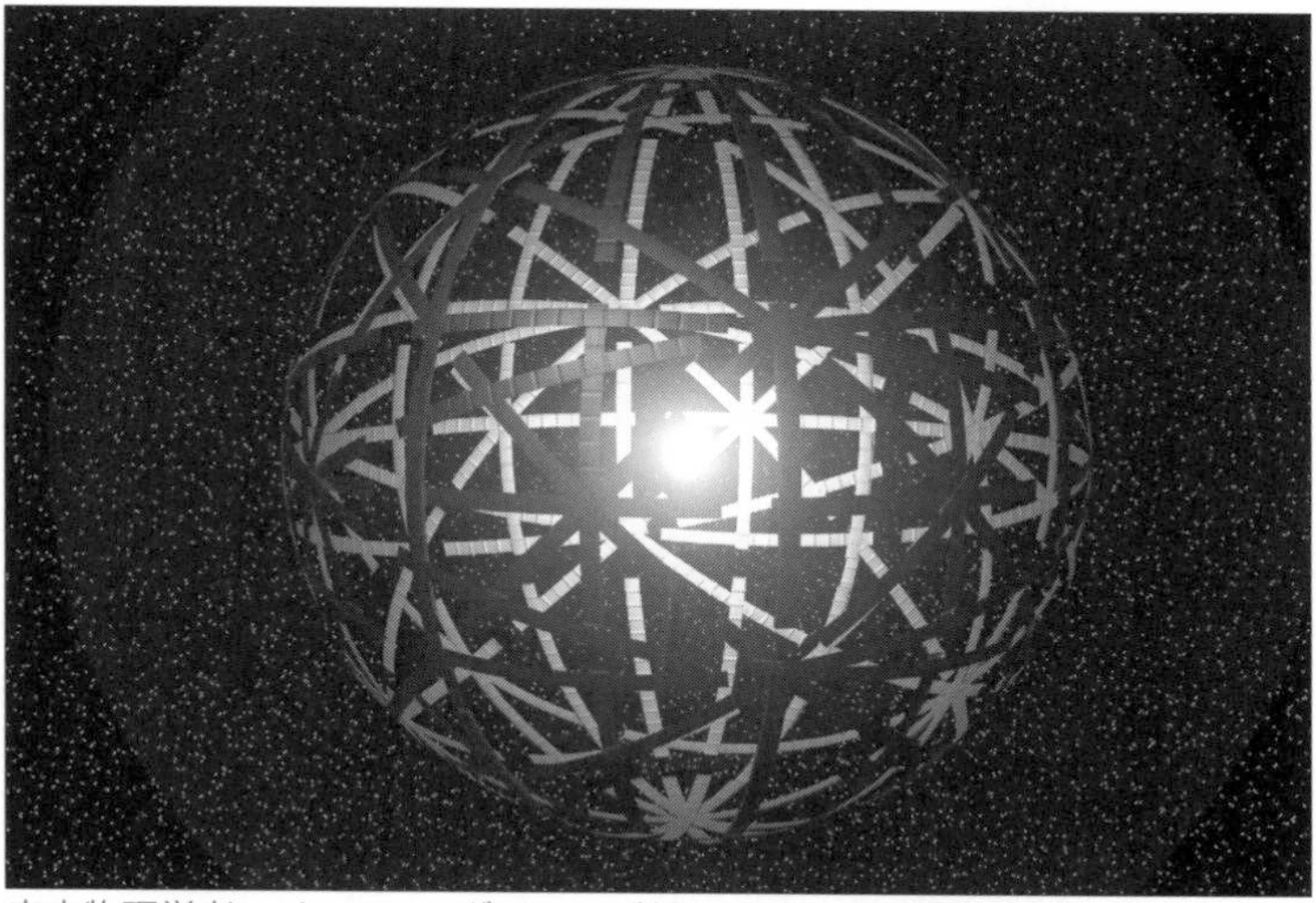

宇宙物理学者フリーマン・ダイソンが提唱する人工構造物「ダイソン球」のイメージ。しかしこれだと恒星の光が観測できない可能性がある。（©Kevin Gill）

うなもので覆って、恒星のエネルギーを丸ごと利用するだろう」という考えに基づく観測もあります。

もしもそのようなことがあれば、恒星の光はパネルにさえぎられて見えなくなります。代わりに、パネルが熱を持つために赤外線が放射されるはずです。

つまり、**恒星の光と同じくらいの強さで赤外線を放っている天体**を見つけられれば、それが知的生命体が存在する証拠になるのではないか、ということです。

いずれの方法でも、知的生命体が存在する証拠はまだ見つかっていません。しかし、今後も探査を続けることで何か手がかりを得られることがあるかもしれません。人類にとっての、ひとつの楽しみです。

宇宙人が存在する確率はどのくらい？

他の星に文明が存在する可能性はあまり高くない？

宇宙のどこかにいる知的生命体を探す試みが真面目に行われていることを聞いて、「宇宙人なんか見つかるわけないだろう」と思われた方も多いと思います。

確かに、夢のような話ではあります。しかし、見つかる可能性は否定できないはずです。

宇宙は広大ですから、交信できるかどうかは別としても、どこかにはわれわれと同じような知的生命体がいるのだろうと考えるのが自然な気もします。

アメリカの天文学者フランク・ドレイクは、世界で初めて地球外知的生命探査に取り組んだことで知られます。

この人は、**天の川銀河の中に電波で地球と**

天の川銀河の中に
電波で地球と通信できる技術を持った
文明がどのくらいあるか（N）

N＝（天の川銀河で１年間に生まれる恒星の数）×
（その恒星が１つ以上の惑星を持つ割合）×
（その惑星系で生命の生存に適した環境を持つ惑星の数）×
（その惑星上で実際に生命が誕生する割合）×
（その誕生した生命の中から知的生命が誕生する割合）×
（その知的生命が電波通信の技術を持つ文明になる割合）×
（その文明が継続する時間（年））

通信できる技術を持った文明がどのくらいあるか、その算出法を考案しました。上記のようなものです。

１つずつの値が正確に求められているわけではないため、算出される値は定かではありません。ただ、これを見ると知的生命体が誕生するまでにはいくつものハードルがあることが分かります。

それでも期待が高まるのは、天の川銀河にある星の数が膨大だからです。天の川銀河には、およそ２０００億個もの恒星があると推定されています。

天の川銀河の年齢はおよそ１００億歳です。つまり、１００億年間で２０００億個の恒星が誕生したということです。ここから、天の川銀河で1年間に生まれる恒星の数は

2000億÷100億＝20個と、大雑把に見積もることができます。そして、膨大な数の恒星のうち、65％くらいが1つ以上の惑星をともなうだろうと見積もられています。

これだけ数が多いので、恒星から適度な距離にあって水が液体で存在できる惑星も数え切れないくらいあるはずです。それは生命の生存に適した環境と言えますし、実際に生命が誕生する可能性があります。

地球に最初の生命が誕生したのは、38億年前のことと考えられています。それは原始的な単細胞生物でしたが、やがて多細胞生物へと進化しました。ただし、多細胞生物誕生まではじつに30億年という年月がかかりましたが。

多細胞生物誕生後も生物は進化を続け、やがて現在のわれわれのような知的生命体にたどり着きました。そして、科学技術の発展によって電波による通信を行えるようにまでなったのです。

知的生命体や文明があったとしても……

このように考えると、広大な宇宙でわれわれ人類が生存する地球だけを特別視する方が不自然で、むしろ宇宙は知的生命体であふれているのではないかとも思えてきます。

ただし、一番の問題は計算式の最後に登場する**「文明が継続する時間」**なのです。

地球上では、初期の生命から電波による通

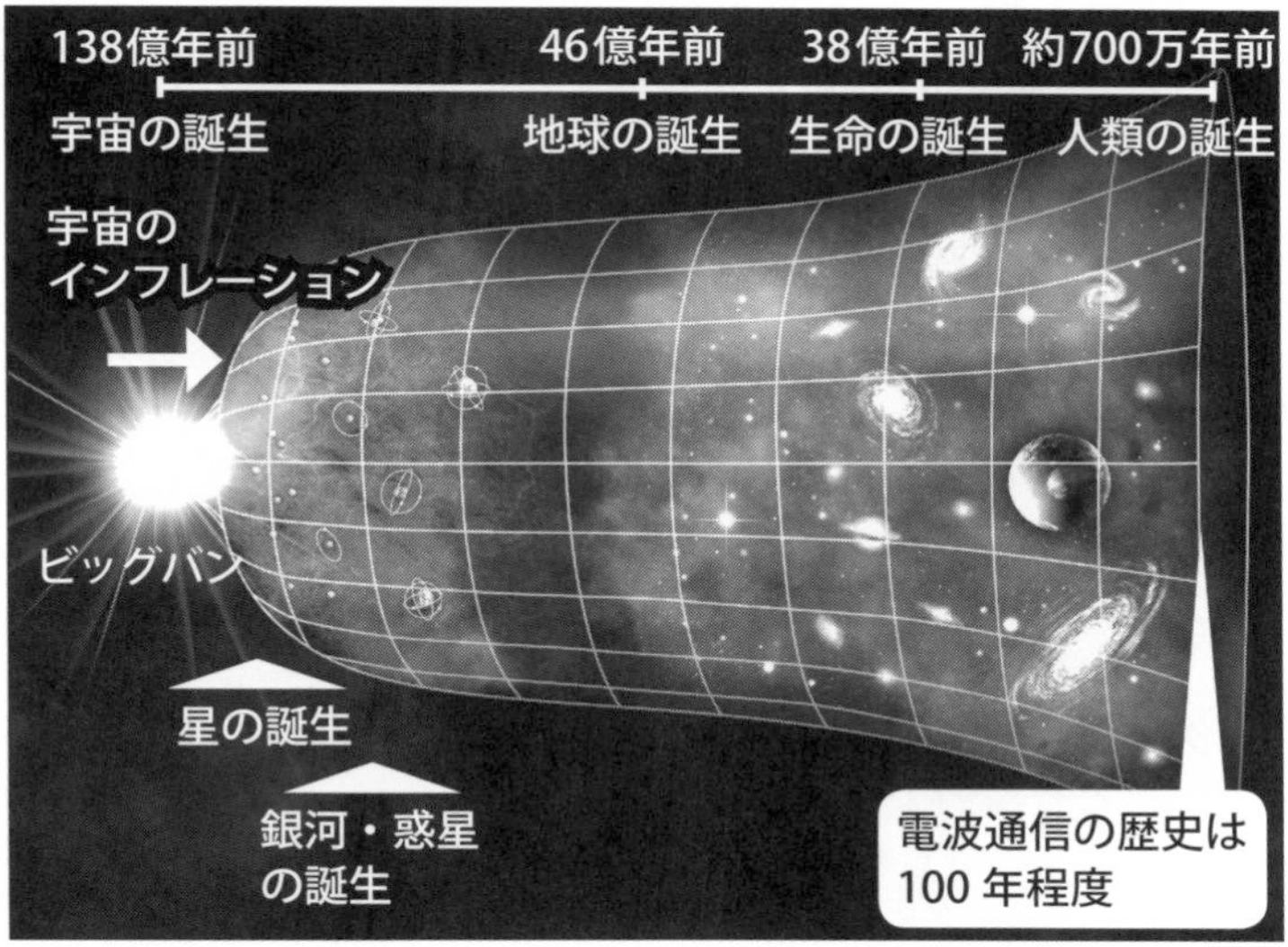

信を行える知的生命に進化するのに、38億年という年月がかかりました。それに比べて、電波通信の歴史は100年程度に過ぎません。

この文明は、今後どのくらい続くのでしょう？　宇宙が誕生してから138億年が経ちますが、その歴史から見たら100年単位の時間がごくごく一瞬に過ぎないことがよく分かります。たとえ宇宙のどこかで知的生命が誕生したとしても、宇宙の歴史のほんの一瞬の間しか存在できない可能性が高いのです。

たとえば、宇宙の138億年の歴史を1年に圧縮すると、100年という時間はたった0・23秒になってしまいます。

宇宙に知的生命が誕生することはあっても、**複数の知的生命が同時に存在して交信するとなると極端に困難**になるのです。

私たちは宇宙人に会うことができるか？

未知の生命体に向けてのメッセージ

前項では宇宙人が存在する確率について考えましたが、このことから、過去や未来の宇宙に知的生命体が誕生した（する）可能性は高くても、**現在の宇宙にそれが存在する可能性が高いとは必ずしも言えない**ことが理解できます。

そして、知的生命体との交信を目指すとなると、交信する距離が問題になってくるのです。

天の川銀河の直径は、およそ10万光年です。10万光年というのは、光の速さ（1秒で地球を7周半する速さ）で進んでも10万年かかる距離ということです。

仮に、地球から1万光年離れたところに知

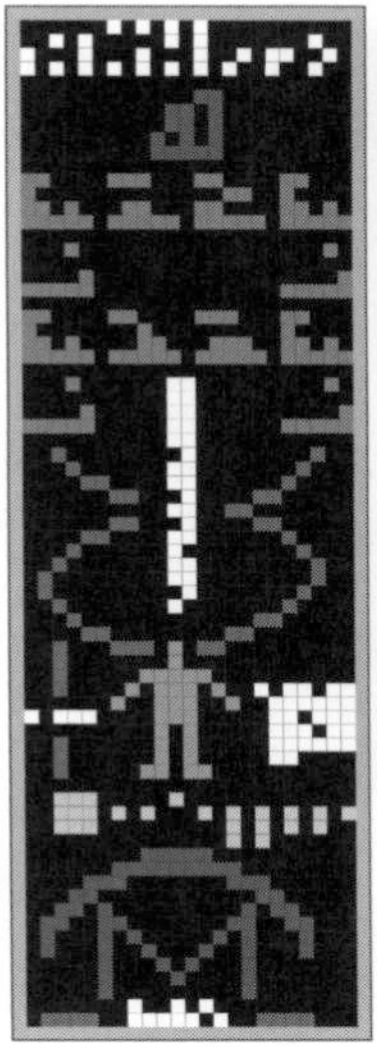

上：ボイジャー２号に搭載された「ゴールデンレコード」。地球を紹介する音や映像が収録されていた。（NASA）
左：1974 年、ヘルクレス座の球状星団 M13 に向けて送られた「アレシボメッセージ」。数列を適切に並べると図形が現われるようになっている。（©Arne Nordmann）

的生命体が存在したとします。その知的生命体と電波を使って交信する場合、最低でも2万年かかります。電波は光の速さで進むので、たとえば地球から電波を送ってそれが知的生命体のいるところへ届くのに1万年、知的生命体が電波で返事をしてそれが地球へ届くのに1万年、というわけです。

人類は**未知なる知的生命体に向かって電波を送るという試み**を続けています（193ページ参照）。宇宙のどこかにいる知的生命体がそれを受け取り、返事をくれるのではないかと期待してのことです。

もしかしたら、本当に返事をくれることがあるかもしれません。しかし、それは気が遠くなるほど先の話で、それまで人類が存続している保証はどこにもないのです。

ブレイクスルー・スターショット計画も進行中

さらに、知的生命体が見つかったとして、そこを訪問することはできるのでしょうか?

電波を使った通信でもこれほどの年月がかかるのです。世の中に光より速いものは存在しないことが相対性理論で示されていますから、光速で進む電波以上に短時間で移動することは不可能でしょう。

1万光年先に知的生命体がいたら、訪問するのに光速で移動しても1万年かかります。しかし、光速で進む宇宙船など実現不可能でしょうから、実際はそれよりずっと長い年月がかかります。人の一生ではとてもたどり着けなさそうです。

実は、ロシアの富豪ユーリ・ミルナーらによる「**ブレイクスルー・スターショット計画**」では、もっと近くで知的生命体を見つけようとしています。

太陽系にもっとも近い恒星プロキシマ・ケンタウリに見つかった惑星が目標です。これは地球と同じ岩石型の惑星で、水が液体で存在できる温度であることが分かっています。生命の存在が期待できる星なのです。

計画では、ここへ帆を取りつけた超小型チップの探査機を送ります。強力な光のビームを照射すると、光速の20パーセントにまで加速できるというのです。

プロキシマ・ケンタウリは太陽系から4・2光年ほど離れていますが、超高速探査機を使

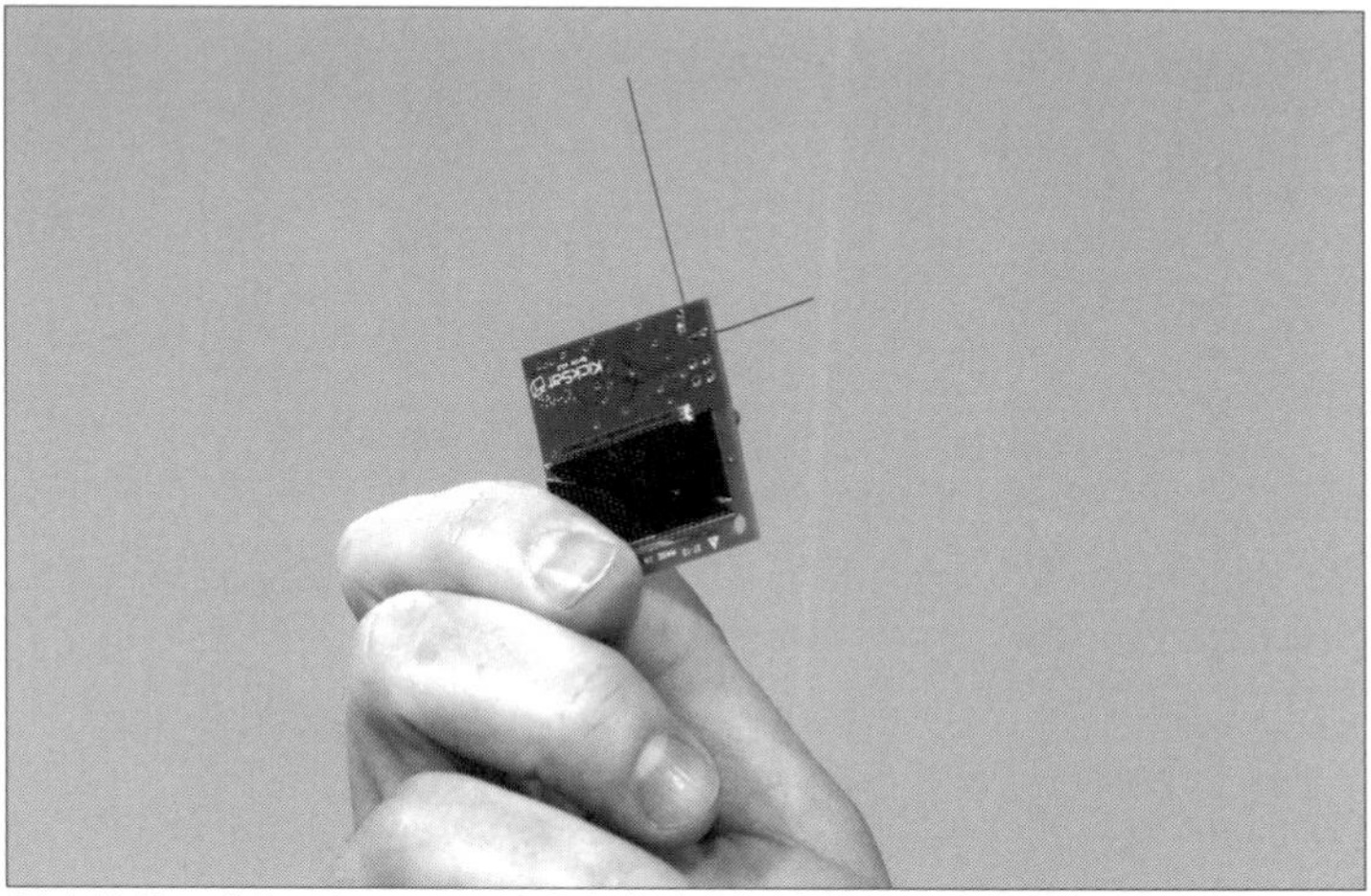

探査機「スプライト」。このような超小型探査機を最寄りの恒星に20年かけて到着させるブレイクスルー・スターショット計画が進んでいる。（写真提供：EPA＝時事）

えば送り出した世代が生きている間に返事を受け取れるだろうというわけです。

それでも、可能性を見いだすとしたら前述の**相対性理論**かもしれません。相対性理論によると、速く動いている人の時間は止まっている人の時間に比べてゆっくり進みます。速く動けば動くほど、時間の進み方はゆっくりになります。もしも、光速の99%の速さで進む宇宙船に乗ったら、1万光年先の星へ約1410年でたどり着ける計算になります。

宇宙船の速度が光速の99・99%になれば約141年で、99・9999%になれば約14年で、99・9999999%になればたった5日でたどり着けます。

人類の叡智《えいち》が、すごいことを実現してくれる日が来るかもしれません!

【口絵画像】

１ページ
可視光でとらえたかに星雲：NASA, ESA, J. Hester and A. Loll (Arizona State University)
Ｘ線でとらえたかに星雲：NASA/CXC/SAO/F.Seward et al
２ページ
二連星：ESO/L. Calçada
太陽フレア：NASA
双　子　星 HD101584：ALMA (ESO/NAOJ/NRAO), Olofsson et al. Acknowledgement: Robert Cumming
赤色巨星となった恒星：NASA/JPL-Caltech/Univ.of Ariz
ブラックホール想像図：Jordy Davelaar et al./Radboud University/BlackHoleCam
３ページ
ハッブル・エクストリーム・ディープ・フィールド：NASA, ESA, G. Illingworth, D. Magee, and P. Oesch (University of California, Santa Cruz), R. Bouwens (Leiden University), and the HUDF09 Team
棒渦巻銀河 NGC1300：NASA, ESA, and The Hubble Heritage Team (STScI/AURA)
M27 星雲赤外線画像：Caltech/Harvard-Smithsonian CFA/NASA
４ページ
ハッブル望遠鏡：STS-82 Crew, STScI, NASA
ファルコンヘビー発射：NASA/Kim Shiflett
国際宇宙ステーション内部：NASA
アルマ望遠鏡：国立天文台

【章アイコン画像】

１章：fstockfoto/iStock.com
４章：tsuneomp - stock.adobe.com
５章：kseniyaomega - stock.adobe.com

【著者紹介】

三澤信也（みさわ しんや）

長野県生まれ。東京大学教養学部基礎科学科卒業。長野県の中学、高校にて物理を中心に理科教育を行っている。

著書に『こどもの科学の疑問に答える本』『【図解】いちばんやさしい相対性理論の本』『東大式やさしい物理』（以上小社刊）、『分野をまたいでつながる高校物理』（オーム社）がある。

また、ホームページ「大学入試攻略の部屋」を運営し、物理・化学の無料動画などを提供している。

http://daigakunyuushikouryakunoheya.web.fc2.com/

図解 いちばんやさしい最新宇宙

2020年4月22日　第1刷

著　者　三澤信也

発行人　山田有司

発行所　株式会社　彩図社《さいずしゃ》

〒170-0005 東京都豊島区南大塚3-24-4 MTビル
TEL:03-5985-8213
FAX:03-5985-8224

印刷所　シナノ印刷株式会社

URL：https://www.saiz.co.jp
https://twitter.com/saiz_sha

 ISBN978-4-8013-0442-0 C0040